Fehlzeitenreduzierung durch Anwesenheitserhöhung

Der (psycho-)logische Weg zu mehr Produktivität

FSC
www.fsc.org
MIX
Papier aus verantwortungsvollen Quellen
Paper from responsible sources
FSC® C105338

Fehlzeitenreduzierung durch Anwesenheitserhöhung

Der (psycho-)logische Weg zu mehr Produktivität

Bibliografische Information der Deutschen Nationalbibliothek

Die Deutsche Nationalbibliothek verzeichnet diese Publikation in der Deutschen Nationalbibliografie; detaillierte bibliografische Daten sind im Internet über http://dnb.d-nb.de abrufbar.

Für Herrn L.,
der mir schrieb:

„Es funktioniert tatsächlich!"

Impressum

2. Auflage

Herstellung und Verlag: Books on Demand GmbH, Norderstedt

ISBN: 978-3-8423-6630-5

Sie sind da! Das ist prima!

Und obendrein schauen Sie auch noch in dieses Heft! Das freut mich wirklich. Sie wollen etwas erfahren über Fehlzeiten; und darüber, wie man sie reduzieren kann? Der Grund dafür ist für Sie wahrscheinlich nicht so erfreulich, und vielleicht haben Sie eher missmutig zu dem Heft gegriffen.

Ich vermute, die Fehlzeiten in Ihrem Verantwortungsbereich sind „zu hoch" – was auch immer das heißt. Vielleicht hat Ihnen Ihr Chef dieses Heft in die Hand gedrückt mit den Worten: „Machen Sie das mal so, wie es darin steht!" Dann dürfen Sie ihn in die Pflicht nehmen, für ihn gilt dasselbe ...

Und in jedem Fall wäre es gut, wenn Sie miteinander über die Heft-Inhalte sprechen würden. Am besten schauen Sie gemeinsam die Video-Vorträge auf www.do-care.tv! In einem Unternehmen müssen schließlich alle am selben Strang ziehen. Diskutieren Sie die im Heft gestellten Fragen – vielleicht 1 pro Woche – und werfen Sie dann einen Blick auf meine Antworten.

Es kann sein, dass Sie nicht mit allen Antworten übereinstimmen. Verstehen Sie das Buch als Impulsgeber – Sie können gern anderer Meinung sein (auch Ihr Chef kann anderer Meinung sein). Wichtig ist doch, dass Sie sich überhaupt mit dem Thema auseinander setzen.

Dazu muss man in einem ersten Schritt verstehen, welche Einflussfaktoren eine Rolle spielen bei der Entscheidung, ob ein Mensch morgens zur Arbeit geht oder nicht („Bettkanten-Entscheidung"). Und von welchen Faktoren Gesundheit und Wohlbefinden abhängen. Beides hat nämlich nicht nur mit dem Körper zu tun. Auch psychische Aspekte sind von Bedeutung.

Das Heft wurde geschrieben für Führungskräfte aus dem produzierenden Gewerbe (Schichtführer, Meister, Abteilungsleiter, Geschäftsführer). Aber natürlich können auch Führungskräfte aus Behörden und Dienstleistungsbetrieben von den Inhalten profitieren.

Sie werden hierin keine Berechnungen oder Richtwerte finden. Überhaupt kommt dieses Buch im Grunde ohne Zahlen aus. Falls Sie sich unbedingt mit anderen Unternehmen vergleichen möchten, empfehle ich Ihnen die Bücher mit dem Titel „Fehlzeiten-Report" aus dem Springer-Verlag.

Ich verzichte wegen der leichteren Lesbarkeit auf die Nennung der weiblichen Form (Chefinnen etc.) – das ist nicht böse gemeint. Natürlich beziehen sich sämtliche Inhalte gleichermaßen auf Frauen.

Viel Erfolg bei Ihrem Einsatz für mehr Arbeitsfähigkeit, Anwesenheit, Produktivität und ein gesünderes Miteinander wünscht Ihnen von Herzen

Ihre Anne Katrin Matyssek Köln, im Juni 2012

Inhaltsübersicht

Mythos 1:

Gesund oder krank
– absolute Gegensätze?

Wie geht es Ihnen eigentlich jetzt gerade? Sind Sie in diesem Moment gesund? Oder sind Sie krank?

gesund ❐ oder krank ❐

Vielleicht fällt es Ihnen schwer, sich spontan für die eine oder andere Antwort zu entscheiden. Die Wahrheit liegt nämlich in der Mitte.

Natürlich haben Sie das eine oder andere Zipperlein (wer hat das nicht?).

Aber Sie können trotzdem arbeiten und tun das auch.

Gesundheit und Krankheit sind eben keine absoluten Gegensätze. Sie bilden vielmehr die Endpunkte einer Skala. Sie müssten sich also quasi irgendwo auf die Linie zwischen beiden Endpunkten stellen.

gesund **krank**

In den „Graubereich“, wenn man so will. Jeder Mensch hat zu jedem Zeitpunkt gesunde und kranke Anteile. Die gesunden kann man fördern (und damit die Anwesenheit und Arbeitsfähigkeit erhöhen). Immer. Damit bewegt man sich hin zu dem Skalenende „gesund“.

Führungskräfte, die glauben, es gäbe nur „entweder-oder“, bekommen häufig die Quittung von ihren Mitarbeitern. Wenn die sich beispielsweise leicht am Fuß verletzt haben, behaupten sie: „Ich kann nicht arbeiten, ich bin ja krank.“ Die Mitarbeiter denken genauso in der Entweder-Oder-Kategorie. So einfach ist es aber in der Realität nicht.

Gut zu wissen:

- *Gesundheit und Krankheit sind keine Gegensätze.*
- *Sie sind die Endpunkte einer Skala.*
- *Dazwischen liegt ein großer „Graubereich“.*
- *Gesunde Anteile kann man fördern. Immer.*

Mythos 2:

Wer fehlt, ist krank – wer anwesend ist, ist gesund?

Viele Führungskräfte glauben: Wer da ist, der ist gesund (und obendrein topfit und hoch-motiviert). Und wer fehlt, der ist krank.

Aber so einfach ist es nicht.

Es gibt immer mehr Studien, die zeigen, dass Menschen sich krank zur Arbeit schleppen. Aus Angst vor Repressalien bis hin zum Jobverlust.

Oder auch aus Verpflichtungsgefühl gegenüber der Firma oder den Kollegen. Oder sogar gegenüber der Führungskraft.

Auf der anderen Seite gibt es Menschen, die es sich mit dem Daheimbleiben sehr leicht machen. Denen reicht ein leichter Kater, um an dem Tag nicht zur Arbeit zu geben. Die gibt es auch. Aber es sind wenige. Über die werden wir später noch sprechen.

Aber die, die da sind, sind auch nicht automatisch zu 100% einsatz- und leistungsfähig. Der demographische Wandel bringt es mit sich, dass die Zahl der Älteren in der Arbeitswelt zunehmen wird. Und mit dem Alter steigt die Zahl der Zipperlein ...

Die Arbeitsfähigkeit schwankt von Tag zu Tag (bei allen! aber bei den Älteren fällt es stärker auf). Dasselbe gilt für Mitarbeiter mit psychischen Beeinträchtigungen. Auch die können nicht täglich Topleistungen bringen. Doch diese Erkenntnis allein nützt Ihnen nichts:

Sie müssen mit denen klarkommen (und auskommen!), die Sie haben. Konrad Adenauer hätte gesagt: „Andere jibbet nit."

Gut zu wissen:

- *Viele schleppen sich krank zur Arbeit.*
- *Und manche bleiben gesund daheim.*
- *Wer anwesend ist, muss nicht unbedingt fit sein (oder motiviert sein).*
- *Sie als Führungskraft müssen die nehmen, die da sind.*

Mythos 3:

Mit Rückenschulen gegen die Krankheitsursache Nr. 1?

Mittlerweile haben viele Betriebe erkannt, dass es sich für sie lohnt, in Betriebliche Gesundheitsförderung zu investieren. Darunter versteht man Maßnahmen wie Entspannungstrainings, kostenlose Obstkörbe, Wasserspender, Rückenschulen oder Stressbewältigungsseminare.

Einige haben sogar ein Betriebliches Gesundheitsmanagement eingeführt. Das bedeutet u.a., dass Sie als Führungskraft eingebunden werden und schauen, dass Ihre Leute bei der Arbeit nicht krank werden.

Das ist alles prima. Es zeigt nämlich: Es ist Ihrer Unternehmensleitung nicht egal, wie es Ihnen und den anderen geht!

Sie will, dass es Ihnen gut geht.

Natürlich hat die Leitung auch etwas davon, wenn Sie gesund bleiben. Aber Sie selbst haben eben auch etwas davon. Schließlich wollen Sie ja auch noch gesund in Rente gehen. Es profitieren also beide Seiten.

Manchmal allerdings erliegen solche Programme einem Irrtum: nämlich dann, wenn sie davon ausgehen, dass Gesundheit eine rein körperliche Angelegenheit ist. Dabei spielen auch das psychische und das zwischenmenschliche Wohlbefinden eine wichtige Rolle!

Die Weltgesundheitsorganisation WHO sagt: „Gesundheit ist der Zustand vollkommenen körperlichen, psychischen und sozialen Wohlbefindens.“ Das ist in dieser Absolutheit ein bisschen dick aufgetragen – eine Utopie. Aber es macht deutlich: Gesundheit ist mehr als nur „keine Schmerzen“.

Noch immer sind Rückenschmerzen die Krankheitsursache Nummer 1. Aber die psychischen Erkrankungen holen rasant auf! Hinter Rückenschmerzen verbergen sich häufig psychische Ursachen (der Stress spielt eine Rolle) – Betriebliches Gesundheitsmanagement sollte daher mehr umfassen als nur Maßnahmen zur Rückenstärkung.

Gut zu wissen:

- *Rückenschmerzen können auch psychische Ursachen haben.*
- *Psychische Erkrankungen nehmen zu.*
- *Rückenschule allein ist kaum wirksam, man muss auch die Psyche sehen.*

Mythos 4:

Hohe Anwesenheit = hohe Produktivität?

Viele Unternehmen sind auf die Fehlzeitenquote fixiert wie die Schlange aufs Kaninchen – und übersehen dabei, dass für das betriebswirtschaftliche Wohlergehen der Firma noch ganz andere Dinge von Bedeutung sind. Die Fehlzeitenquote zeigt höchstens, wo es schon „brennt“.

Der Vorteil der Fehlzeitenquote liegt lediglich darin, dass man sie verhältnismäßig einfach messen kann. Aber sie taugt leider nicht als Kriterium für den Erfolg von Betrieblichem Gesundheitsmanagement, denn sie wird von vielen verschiedenen Faktoren beeinflusst.

Und sie taugt auch nicht als Maßstab für die Güte von Führungsverhalten. Wer seine Leute in Angst und Schrecken versetzt und mit Jobverlust im Krankheitsfall droht, der hat vielleicht im Moment eine zufriedenstellende Anwesenheitsquote – aber Angst erhöht die Fehler- und Unfallhäufigkeit. Beides reduziert die Produktivität. Und langfristig ist mit höheren Ausfallzahlen zu rechnen. Mehr dazu lesen Sie in Kapitel C.

Nur wer anwesend ist, kann Leistung bringen.

Das stimmt so weit. Aber wie Sie beim zweiten Mythos schon gelesen haben, ist Anwesenheit noch lange nicht gleichzusetzen mit Arbeitsfähigkeit. Menschen kommen manchmal auch krank und unmotiviert an ihren Arbeitsplatz.

Ich gehe mal davon aus, dass Ihnen neben dem Wohlergehen Ihres Betriebes auch das Wohlbefinden Ihrer Mitarbeiter am Herzen liegt und Sie nicht einfach nur gute „Zahlen produzieren“ wollen. Und überhaupt wollen wir ja nicht die Statistiken verbessern, sondern die Produktivität – und möglichst auch die Gesundheit als notwendige Voraussetzung für die zukünftige Produktivität. Auch die Motivation ist wichtig – ohne die macht kein Mitarbeiter einen wirklich guten Job.

Gut zu wissen:

- *Die Fehlzeitenquote zeigt höchstens, wo es bereits „brennt“.*
- *Entscheidend ist nicht die Anwesenheit, sondern die Arbeitsfähigkeit.*
- *Hohe Produktivität gibt es nur mit gesunden motivierten Beschäftigten.*

Was brauchen Menschen, um gern zur Arbeit zu kommen?

Was brauchen SIE denn, um gern zur Arbeit zu kommen? Dasselbe wie Ihre Mitarbeiter! Ganz sicher!

Geld ist das Eine. Natürlich. Ohne das würden viele morgens im Bett bleiben. Aber es ist nicht alles. Der Motivationseffekt von Lohnerhöhungen nutzt sich ziemlich schnell ab (obwohl ich Ihnen natürlich eine gönnen würde ...).

Außerdem sagen Beschäftigte aller Branchen, dass sie aus den folgenden Gründen gern zur Arbeit kämen: Verantwortungsbewusstsein, Möglichkeit zur Selbstentfaltung, wichtige Aufgaben, Teamgedanke, Zugehörigkeitsgefühl zu Kollegen oder auch zum Chef.

Anwesenheitsförderlich ist es außerdem, wenn sie nach der Meinung gefragt werden, informiert werden, ungestört arbeiten können, gute Arbeitsmittel zur Verfügung gestellt bekommen und den Eindruck haben, dass sie auch als Mensch zählen und wahrgenommen werden.

Das Gefühl, gesehen, gemocht und gebraucht zu werden.

Wohlbefinden im Team ist ein ganz wichtiger Faktor, um zur Arbeit zu kommen. Wer sich aufgehoben und anerkannt fühlt, kommt auch nach einer Erkrankung schneller wieder zur Arbeit.

Das gilt vor allem, wenn die Tätigkeit selbst wenig an Herausforderungen oder Entfaltungsmöglichkeiten bietet. Und seien wir mal ehrlich: Im produzierenden Gewerbe gibt es noch immer viele solcher Arbeitsplätze.

Wenn also die Arbeit selber nicht motivieren kann, dann zählt die soziale Motivation umso mehr (= dem Chef und dem Team zuliebe arbeiten).

Gut zu wissen:

- *Chefs und Mitarbeiter kommen aus denselben Gründen gern zum Job.*
- *Im produzierenden Gewerbe ist die soziale Motivation umso wichtiger.*
- *Soziale Motivation bedeutet: die Leute arbeiten (auch) Ihnen zuliebe.*

Was hat Ihr Kopfweh mit der Schwiegermutter zu tun?

Mal angenommen, Sie haben Kopfweh. Was passiert mit den Kopfschmerzen, wenn Sie ein spannendes Champions-League-Spiel im Fernsehen verfolgen? Und was passiert, wenn plötzlich Ihre Schwiegermutter zu Besuch kommt (rein als Klischee ... meine ist sehr nett)?

Die meisten sagen: Wenn die Schwiegermutter vor der Tür steht, wird daraus ein Höllenkopfweh. Beim Champions-League-Spiel hingegen werden die Kopfschmerzen zu einem vernachlässigbaren Mini-Schmerz.

Das heißt nicht, dass die Kopfschmerzen eingebildet waren. Stattdessen ist es eine Erkenntnis der Schmerztherapie, dass unsere Schmerzwahrnehmung mal mehr und mal weniger Aufmerksamkeit bekommt, was sich auf das Schmerzempfinden auswirkt.

Man kann Schmerzen hoch- oder eben auch runterregeln. Es kommt darauf an, worauf man seine Aufmerksamkeit richtet. Die Haltung entscheidet! Also die Frage: Richtet man sich aus in Richtung des Gesundheits- oder in Richtung des Krankheitspols? (vgl. Seite 8)

Es fällt leichter, sich in Richtung Gesundheit bzw. „schwache Schmerzen“ zu bewegen, wenn die Umgebungsbedingungen dazu einladen; zum Beispiel indem sie das Wohlbefinden fördern oder Ablenkungsmöglichkeiten bieten.

Sie als Führungskraft sind so eine Umgebungsbedingung.

Wenn Ihr Mitarbeiter Sie gern mag und sich in Ihrer Gegenwart wohlfühlt, ist er zum Beispiel auf muskulärer Ebene entspannt; Entspannung reduziert die Schmerzstärke. Und zugleich gestalten Sie die Umgebung Ihres Mitarbeiters.

Sie nehmen Einfluss auf seine Aufmerksamkeit!

Gut zu wissen:

- *Die Stärke von Schmerz ist abhängig von der Aufmerksamkeitslenkung.*
- *Die Aufmerksamkeitslenkung hängt ab von den Umgebungsbedingungen.*
- *Führungskräfte können die Umgebungsbedingungen im Job mitgestalten.*

Was heißt hier „(psycho)-logisch“?

Das Psycho-Logische dieses Hefts besteht darin: Wir müssen in einem ersten Schritt verstehen, was in der Seele eines Mitarbeiters abläuft.

Wir sollten uns fragen, welche Faktoren seine Gesundheit, sein Wohlbefinden und seine Arbeitsfähigkeit beeinflussen; und welche Faktoren bei seiner Bettkanten-Entscheidung eine Rolle spielen. Man muss verstehen, was in einem Menschen vorgeht, der morgens mit einem dicken Schädel aufwacht und vor der Frage steht:

zur Arbeit gehen oder daheim bleiben?

Die Psyche ist dabei oft von größerer Bedeutung als der Körper und sein „Defekt“. Mit Zahlenlogik kommt man dabei nicht unbedingt weiter. Zumindest liefern betriebswirtschaftliche Kennzahlen nur einen von mehreren möglichen Ansatzpunkten. Als Psychologin möchte ich Ihnen mit diesem Buch eine psychologische Herangehensweise vorstellen.

Die ist ganz einfach (nicht unbedingt logisch, aber psycho-logisch).

Man muss sich einfach nur fragen, was man selber gern hätte. Also die eigene Psyche betrachten. Dann fallen einem sofort die richtigen Antworten ein – und man muss sich „nur“ noch überwinden, den Mitarbeiter genau so zu behandeln, wie man es sich selber wünscht.

Und noch etwas ist psycho-logisch: Die Perspektive! Sie wollen die Fehlzeiten reduzieren? Verbessern Sie doch lieber die Anwesenheit! Dieser Weg macht mehr Freude, und das Ziel ist dasselbe! Das ist mehr als Wortklauberei, denn es beinhaltet zum Beispiel die Empfehlung:

Verschwenden Sie nicht 95% Ihrer Energie für die 5% Ihrer Mitarbeiter, die es sich mit den häufigen Kurzerkrankungen zu leicht machen (finanziell betrachtet fallen die Langzeitkranken ohnehin viel stärker ins Gewicht). Schenken Sie 95% Ihrer Energie den anderen 95% Ihrer Leute!

Gut zu wissen:

- *psycho-logisch = verstehen, was im krank-meldenden Mitarbeiter abläuft.*
- *Der psycho-logische Weg kostet evtl. Überwindung, aber er ist einfach.*
- *psychologische Betrachtung = andere Perspektive: An- statt Abwesenheit.*

Was beeinflusst die Bettkanten-Entscheidung des Mitarbeiters?

Vielleicht lässt sich die Frage am leichtesten mit einem Witz beantworten, der auf den Cartoonisten Rabenau zurückgeht:

> **Mann und Frau liegen im Bett.**
> **Er zu ihr: „Schatz, ich kann heute nicht zur Arbeit; ich fühl' mich nicht wohl."**
> **Sie – ganz Frau, einfühlsam, mitfühlend: „Oh, Du Armer! Wo denn? Im Magen?"**
> **Er: „Nee, auf der Arbeit."**

Mit anderen Worten: Das Wohlbefinden am Arbeitsplatz ist ein wichtiger Faktor bei der Bettkanten-Entscheidung. Es umfasst viele einzelne Aspekte, die abgewogen werden (neben der Frage: „passt das zu mir?").

? Wie geht's mir eigentlich gesundheitlich heute Morgen?

? Würde es jemandem auffallen, wenn ich nicht käme?

? Wer würde meine Arbeit machen?

? Was wären die Konsequenzen? Für wen? Wieso?

? Wie geht's mir im Umgang mit meinen Kollegen? Sind die nett?

? Wie geht's mir im Umgang mit meiner Führungskraft? Ist die nett?

? Wie geht's mir in Bezug auf meine Arbeit? Macht sie Freude? Ist sie sinnvoll? Ist mein Lohn angemessen? werde ich gerecht behandelt?

Fragen Sie sich: Welche dieser Faktoren können Sie beeinflussen?

- die Motive der Person: vermutlich nicht (ärgern Sie sich nicht drüber!)
- die Arbeits- und Anwesenheitsfähigkeit des Mitarbeiters: bedingt
- die Motivierungspotenziale der Arbeit: schon eher
- die Anwesenheitsbereitschaft: durchaus!

Gut zu wissen:

- *Die Bettkanten-Entscheidung ist von vielen Faktoren abhängig.*
- *Einige (!) dieser Faktoren können Führungskräfte beeinflussen.*
- *Führungskräfte sollten sich kein Magengeschwür ärgern ...*

Wann waren Sie das letzte Mal krank?

Ihnen macht die Arbeit auch nicht immer Spaß, stimmt's?! Und manchmal plagt Sie auch das eine oder andere Wehwehchen. Zu wenig beeinträchtigend, um einfach daheim zu bleiben; aber andererseits auch zu stark beeinträchtigend, um normal arbeiten zu können.

Und Sie sind trotzdem gekommen! Zumindest wenn Sie so ticken, wie die allermeisten Führungskräfte: Im Durchschnitt haben Führungskräfte niedrigere Fehlzeiten als ihre Mitarbeiter.

Warum sind Sie trotzdem gekommen? Vermutlich nicht nur, weil Sie negative Konsequenzen fürchteten für den Fall, dass Sie sich anders entschieden. Sondern irgendetwas trieb Sie aus dem Bett und hin zum Job:

- man hat Ihnen Verantwortung übertragen
- Sie identifizieren sich mit der Arbeit
- Sie können Teile Ihrer Arbeit selbst gestalten
- Sie sehen einen Sinn in Ihrer Arbeit
- Sie sind so erzogen worden
- Sie fühlen sich dem Unternehmen verpflichtet
- Sie fühlen sich wohl bei der Arbeit oder in Ihrem Team

Vielleicht spielte auch Ihre Führungskraft eine Rolle dabei? Vielleicht wussten Sie, dass Sie willkommen wären, selbst wenn Sie nicht zu 100% fit sind? Oder Ihnen war wichtig, dass dieser Vorgesetzte weiterhin große Stücke auf Sie hält, und Sie wollten ihn nicht enttäuschen?

Das ehrt Sie! Aber wie Sie gleich lesen werden, ist Ihr Vorgehen bei echten starken Beschwerden nicht unbedingt empfehlenswert. Wer „wirklich krank" ist, gehört ins Bett! Und es ist nicht empfehlenswert, von den Mitarbeitern zu verlangen, dass die sich krank zum Job schleppen.

Gut zu wissen:

- *Führungskräfte fehlen im Durchschnitt seltener als ihre Mitarbeiter.*
- *Führungskräfte neigen dazu, sich auch krank zur Arbeit zu schleppen.*
- *Es ist nicht gesund, an seine Mitarbeiter denselben Anspruch zu stellen.*

Wieso kann es gesund sein, mal krank zu sein?

Normalerweise freut man sich als Führungskraft, wenn Mitarbeiter immer anwesend sind und trotz Kopfweh oder Erkältung täglich am Arbeitsplatz erscheinen. Falls das bei Ihnen auch so ist, wird es Sie überraschen zu erfahren:

Es kann gesund sein, sich mal einen Tag krank zu melden.

In der Praxis sind die Kosten, die durch Präsentismus entstehen – also dadurch, dass sich Leute krank zur Arbeit schleppen – viel höher als die, die durch häufige Kurzfehlzeiten entstehen. In einer Studie der Bertelsmann-Stiftung im Jahr 2009 gaben 42 % der Befragten an, im vergangenen Jahr mindestens zweimal krank zur Arbeit gegangen zu sein.[1]

Die bekannte Whitehall-II-Studie im öffentlichen Dienst ergab 2005, dass es gesund sein kann, ab und zu krank zu sein: Die Forscher verglichen Männer, die drei Jahre lang keine Fehlzeiten aufwiesen, mit solchen, die sich in diesem Zeitraum einige Male krank gemeldet hatten. Erstere hatte ein doppelt so hohes Herzinfarktrisiko wie die zweite Gruppe.

In dem Buch „Die GesundArbeiter" (Gänsler & Bröske, 2010, S. 30) heißt es: „Eine andere Untersuchung aus Dänemark ergab, dass Mitarbeiter, die in mehr als sechs Fällen im Jahr zur Arbeit gingen, obwohl sie sich selbst als nicht gesund einschätzten, ein um 74 Prozent erhöhtes Risiko für einen Ausfall von mehr als acht Wochen am Stück hatten".

Ihr Ziel als Führungskraft sollte sein, dass die Beschäftigten mit ihrer Gesundheit verantwortungsvoll umgehen. Das kann auch heißen, dass sie bei Krankheit zu Hause bleiben.

Gut zu wissen:

- *Männer ohne Fehlzeiten haben ein erhöhtes Herzinfarktrisiko.*
- *Wer öfter krank zur Arbeit geht, erhöht sein Risiko für einen Langzeitausfall.*

[1] Einige Absätze dieser und der folgenden Seiten sind entnommen aus A.K. Matyssek (2011): „Wertschätzung im Betrieb. Impulse für eine gesündere Unternehmenskultur."

Was passiert, wenn sich Mitarbeiter krank zum Job schleppen?

Wenn Sie den eben genannten Studien Glauben schenken, wissen Sie jetzt: Menschen, die sich krank zur Arbeit schleppen, tun damit niemandem etwas Gutes:

Sie schaden den Kollegen,
denn sie stecken andere an.

Sie schaden sich selbst,
denn sie kurieren sich nicht richtig aus.

Sie schaden dem Betrieb,
denn sie erhöhen ihr Risiko, für längere Zeit auszufallen.

Und auch das Unfallrisiko steigt, wenn jemand trotz Krankheit arbeitet.

Das sollten Sie als Führungskraft für die nächste Krankmeldung eines Mitarbeiters im Hinterkopf haben. Vielleicht geht derjenige schon seit einiger Zeit auf dem Zahlfleisch, schleppt sich aber aus Angst vor Sanktionen (auch sozialer Ausgrenzung) dennoch zur Arbeit.

Es kann sinnvoll sein, sich eine Schonzeit von ein, zwei Tagen zu gönnen, wenn sich damit verhindern lässt, dass man zwei Wochen später für eine ganze Woche ausfällt, weil man über seine Kräfte gewirtschaftet hat.

Diese Denkweise ist heute noch ungewohnt, wird aber in Zeiten zunehmend älterer Belegschaften an Bedeutung gewinnen.

Langfristig müssen wir uns ohnehin von der Vorstellung verabschieden, dass nur 100%ig fitte Menschen zur Arbeit kommen. Wir dürfen nicht mehr wählerisch sein ...

Gut zu wissen:

- *Wer krank zur Arbeit kommt, schadet sich, den Kollegen und dem Betrieb.*
- *Schonzeiten werden immer wichtiger, je älter Mitarbeiter werden.*
- *100% fitte Menschen werden in Zukunft noch mehr die Ausnahme sein.*

Wieso kann es sinnvoll sein, Mitarbeiter ab und zu heimzuschicken?

Sie wundern sich vielleicht über die Inhalte der letzten beiden Seiten: Das soll ein Buch zur Fehlzeitenreduzierung sein – und Sie lesen, dass Sie Mitarbeitern Schontage gönnen sollen? Sie sogar heimschicken?!

Ja! Weil es sich für Sie lohnt.

Langfristig. Um Ihnen ein Extrem-Beispiel zu nennen: Ein Teamleiter in einem Call-Center gab einer Frau für den Rest des Tages frei, nachdem sie ihm berichtet hatte, dass der Hamster ihrer erwachsenen (!) Tochter gestorben sei. Und das, obwohl gerade viele Kollegen fehlten. Wieso?

Die Frau hatte ihn noch nie um einen Gefallen gebeten. Er vermutete: „Die würde nicht fragen, wenn es ihr nicht wirklich wichtig wäre; die weiß schließlich auch, dass hier Not am Mann ist." Und er sah: Die Frau war so durch den Wind, dass sie keine gescheite Leistung abliefern konnte.

Das Ergebnis: Fortan ließ sich die Frau für diesen Teamleiter in Stücke reißen! Sie stand hinter ihm, übernahm die unangenehmsten Schichten – sie war ihm so dankbar, dass sie fortan alles für ihn getan hätte.

Mitarbeiter sollten in ihrer Selbstverantwortung gestärkt werden nach dem Motto: „Wir trauen dir zu, dass du selbst entscheiden kannst, ob du arbeitsfähig bist oder nicht. Du bist erwachsen". Zukunftsmusik?!

Aber es ist der einzige menschenwürdige Weg zu einer hohen Arbeitsfähigkeit und Anwesenheit. Wenn Sie sich anschauen, welche Fragen einem Mitarbeiter vom morgendlichen Aufwachen bis zur Wiedereingliederung nach einer Krankheit beschäftigen (hinten auf Seite 47 lesen Sie dazu eine Übersicht), werden Sie dem zustimmen:

Der Mitarbeiter beeinflusst ja SOWIESO mit, wie stark seine Arbeitsunfähigkeit ist bzw. vom Arzt bewertet wird. Wir können alle nur gewinnen, wenn wir aus diesem Einfluss eine bewusste Verantwortung machen.

Gut zu wissen:

- *Mitarbeiter rechnen es einem hoch an, wenn man sie heimschickt.*
- *Das Verpflichtungsgefühl wird dadurch gestärkt, der Teamgedanke wächst.*
- *Mitarbeiter sollten letztlich selbst über ihre Arbeitsfähigkeit entscheiden.*

Wer leidet unter hohen Fehlzeiten?

Alle!

Die Kollegen leiden: Sie müssen die Arbeit des Mitarbeiters mit erledigen. Dadurch wächst die Gefahr einer Überlastung. Zudem leidet sehr häufig das Klima im Team. Wer sich ungerecht behandelt fühlt, wird leichter aggressiv.

Natürlich leidet der Betrieb unter hohen Fehlzeiten, bzw. Sie als Führungskraft: Die Produktivität sinkt, Sie können vielleicht Ihre Ziele nicht erreichen. Eventuell müssen Sie selbst sich vor Ihrer Führungskraft verantworten, weil „die Quote nicht stimmt".

Aber auch der Mitarbeiter selber leidet: Erstens ist er krank (in den meisten Fällen zumindest), es geht ihm also nicht gut, körperlich oder psychisch. Er verpasst etwas bei der Arbeit, er steht vor den Kollegen blöd da, vorm Chef auch; es ist ihm unangenehm (den meisten); je nach dem Verhältnis zu den Kollegen muss er mit Ausgrenzung rechnen.

Es wird ihm umso unangenehmer sein, je besser das Verhältnis zu Ihnen und zu den Kollegen ist und je stärker sein Zugehörigkeitsgefühl zum Unternehmen ist. Insbesondere wird es ihm unangenehm sein, wenn er merkt, dass Sie sein Fehlen bemerkt haben und es Ihnen nicht egal ist.

Bei den Kollegen sollten Sie um Verständnis bitten. Das wird Ihnen dann leicht fallen, wenn der Mitarbeiter selber den Kollegen verrät, worunter er leidet – wenn er sich ansonsten gut ins Team einfügt, sind die oft bereit, für ein paar Wochen (maximal 3!) Mehrarbeit zu leisten. Falls er sich hinsichtlich der Diagnose in Schweigen hüllt, haben Sie beide einen schweren Stand. Würdigen Sie die Mehrarbeit der anderen umso mehr!

Halten Sie im Hinterkopf: Der selbst leidet auch darunter!

Gut zu wissen:

- *Unter hohen Fehlzeiten leiden alle: der Betrieb, Sie, die Kollegen.*
- *Und der Mitarbeiter selbst!*
- *Bitten Sie seine Kollegen um Verständnis.*

Wer ist schuld an hohen Fehlzeiten?

Im Gegensatz zur vorangegangenen Frage lässt sich diese nicht so einfach beantworten. Die Ursachen können vielfältig sein. In den meisten Fällen wird man sagen können, dass Sie als Führungskraft (nur) EIN Einflussfaktor von vielen sind.

Sie selber befinden sich in einer Sandwich-Position. Ihr Chef wünscht sich eine hohe Anwesenheitsquote; das ist sein gutes Recht. Wenn er aber die Schrauben fester anzieht und den Druck auf Ihre Leute und Sie erhöht, dann werden auch stressbedingte Erkrankungen häufiger.

Die Arbeit (überlastend, oft unterbrochen, mit unzureichenden Mitteln, zu monoton, zu schwierig, zu viel) kann „schuld" sein. Auch die Konjunktur. Die Saison. Die Kultur im Unternehmen.

Der Mitarbeiter kann schuld sein: Er hat immer die Chance, die Dauer der Arbeitsunfähigkeit mit zu beeinflussen, z.B. durch sein Auftreten beim Arztbesuch oder sein Ausnutzen der kompletten Dauer der Krankschreibung (die ja im Grunde nur eine Prognose des Arztes beinhaltet).

Und es gibt krank machende Vorgesetzte. Die sogenannte VW-Studie zeigte: Führungskräfte nehmen die Höhe ihres Krankenstandes mit, egal welches Team sie leiten. Und eine Studie des GEVA-Instituts ergab: Mitarbeiter selber machen das Ausbleiben von Lob und Anerkennung für hohe Fehlzeiten verantwortlich. Führungskräfte haben also Einfluss, ja!

Aber es sind ja nicht alle gleich. Viele interessieren sich wirklich für das Wohlergehen ihrer Leute, und vielleicht gehören Sie ja dazu!

Im Grunde geht es auch gar nicht um „Schuld". Vorwürfe führen zu nichts. Die Frage ist doch: Wie können Sie alle miteinander es schaffen, noch lange arbeitsfähig zu bleiben und einen guten Job zu machen? Suchen Sie Lösungen, keine Schuldigen!

Gut zu wissen:

- *Führungskräfte sind EIN Einflussfaktor von vielen möglichen.*
- *Ein besonders wichtiger Aspekt des Führungsverhaltens: Anerkennung!*
- *Suchen Sie keinen Schuldigen – suchen Sie Lösungswege!*

Woran merken Ihre Mitarbeiter, dass Ihnen das Thema Anwesenheit nicht egal ist?

Manche Führungskräfte glauben, sie müssten immer „sachlich" drein schauen; die Mitarbeiter sollten bloß nicht merken, was in ihnen vorgeht. Sie glauben, dadurch würden sie überlegen wirken.

Das ist Mumpitz! Lassen Sie das mit dem Pokerface!

Ihr Mitarbeiter muss spüren können, dass Ihnen ein Thema, wie zum Beispiel Ab- bzw. Anwesenheit, nahe geht. Dass es Ihnen nicht egal ist. Dazu braucht's Emotionen (keinen Wutausbruch, sondern emotionale Beteiligung, Betroffenheit).

Wenn Sie mit ausdruckslosem Gesicht, Grabesstimme und ohne jegliche Emotion zu ihm sagen: „Herr Schmidtke, Sie haben nun schon 3 Freitage in Folge gefehlt", wird das nicht viel bewirken.

Sie sollen keinen Psycho-Druck aufbauen, keine Vorwürfe äußern und auch kein schlechtes Gewissen machen. Aber Sie können und sollten sehr wohl Ihre Enttäuschung zum Ausdruck bringen oder sogar (siehe nächste Seite) Ihren Ärger artikulieren: Als Ich-Aussage.

Dass Ihnen das Thema Anwesenheit wichtig ist, merken Ihre Leute daran, wie häufig Sie es ansprechen. Und vor allem: Ob Emotionen beteiligt sind, wenn Sie darüber sprechen, egal ob mit dem einzelnen oder mit dem gesamten Team.

Zeigen Sie Ihre Emotionen – auch die positiven!

Sie sollen nicht zum Dauergrinser werden; und überhaupt sollen Sie nicht schauspielern. Aber wenn Sie sich über die besondere Leistung einer Schicht freuen oder über eine gute Auftragslage, sollten Sie das auch mit Freude mitteilen. Und zwar MIT einem Lächeln!

Gut zu wissen:

- *Führungskräfte mit Pokerface lösen keine emotionale Betroffenheit aus.*
- *Ihre Mitarbeiter müssen spüren, dass Ihnen das Thema nicht egal ist.*
- *Das schaffen Sie nur über Emotionen, nicht mit Sachlichkeit.*

Wohin mit Ihrem Ärger?

Manche fürchten auch: „Wenn ich meinen Ärger äußere, steht der Mitarbeiter gleich mit dem Betriebsrat vor der Tür!“ Diesbezüglich möchte ich Sie gern beruhigen. An meinen Seminaren haben sehr häufig Betriebs- und Personalräte teilgenommen. Und alle haben zugestimmt:

Solange Sie Ihren Ärger in Form einer „Ich-Aussage“ (siehe unten) formulieren, geht das völlig in Ordnung! Sie sollten dem Mitarbeiter kein schlechtes Gewissen machen – krank werden gehört nun mal zum Leben dazu – aber Sie dürfen sehr wohl sagen:

„Das soll jetzt kein Vorwurf sein. Aber für mich ist es sehr ärgerlich, wenn ich die Einsatzpläne umstellen muss. Diese Mehrarbeit macht mich wütend. Und es ist auch doof für mich, wenn ich den anderen noch eine Schippe drauf legen muss. Für die bin ich doch auch verantwortlich!“

Sie können auch hinzufügen: „Wir brauchen hier jeden Mann, das wissen Sie ja selber! Sobald einer ausfällt, stimmt das System nicht mehr, und die anderen werden überlastet. Da können Sie nichts für, aber mich selbst belastet das zusätzlich.“

Noch einmal: Der Mitarbeiter muss und soll spüren, dass Ihnen seine Abwesenheit nicht egal ist. Dazu gehört auch, dass Sie Ihren Ärger als Ich-Botschaft ausdrücken dürfen. Genauso, wie Sie auch Ihrer Sorge um den Mitarbeiter Ausdruck verleihen können (wenn sie Ernst gemeint ist).

Ansonsten gilt: Machen Sie statt Abwesenheit Anwesenheit zum Thema! Das macht mehr Freude, als wenn immer nur über Abwesenheit und Krankheit geredet wird, die ohnehin nie auf Null zurückgehen wird, weil sie nun einmal zum Leben dazu gehört. Und Ihre Leute spüren: Das Thema ist Ihnen wichtig.

Gut zu wissen:

- *Sie dürfen und sollen Ihren Ärger zeigen (als Ich-Botschaft formuliert!).*
- *Vermeiden Sie es, ein schlechtes Gewissen oder gar Vorwürfe zu machen.*
- *Der Mitarbeiter muss spüren, dass Ihnen die Anwesenheit ALLER wichtig ist.*

Wo sollten Ihre Mitarbeiter sich krank melden?

Bei IHNEN!

Und NUR bei Ihnen *. Falls Sie selbst gerade eine Freischicht haben oder im Urlaub sind: dann eben bei Ihrem Schichtführer-Kollegen.

Selbstverständlich fragen Sie nach der voraussichtlichen Dauer der Arbeitsunfähigkeit. Sie wollen ja planen können. Informationen aus zweiter Hand würden Sie um eine Chance bringen, nämlich die Chance, sich als gute Führungskraft zu zeigen:

Wertschätzende Äußerungen wie „Kurieren Sie sich mal ordentlich aus!“ oder „Wir brauchen Sie hier fit“ haben schon Wunder bewirkt! Viele Mitarbeiter sind erstaunt und angenehm berührt von solchen Sätzen!

Wie Sie oben lesen konnten (und in der Übersicht auf Seite 47 noch einmal ausführlich nachvollziehen können), beeinflusst der Mitarbeiter die Dauer seiner Arbeitsunfähigkeit in entscheidendem Maße.

Sie müssen deshalb darauf bauen, dass der Mitarbeiter nicht alle seine Möglichkeiten ausschöpft. Sie müssen auf sein Verpflichtungsgefühl hoffen. Und zwar ohne ein schlechtes Gewissen oder gar Vorwürfe zu machen. Das schaffen Sie am besten, indem Sie Ihre Ernst gemeinte Sorge sowie Besserungswünsche zum Ausdruck bringen.

Mag ja sein, dass Sie sich in erster Linie um die Produktion sorgen, und dass Ihnen das Wohlergehen des Mitarbeiters im Grunde egal ist (was schade wäre! Schauen Sie dann mal nach beim Thema Sympathie auf der übernächsten Seite). Aber ein Satz wie „Sie fehlen uns, aber die Gesundheit hat Vorrang!“ ist nie gelogen und kommt oft gut an.

* (Es sei denn, in Ihrem Betrieb gibt's Disponenten)

Gut zu wissen:

- *Jede Krankmeldung ist eine Chance, sich als guter Chef zu zeigen.*
- *Das klappt nur, wenn sich die Mitarbeiter bei Ihnen selbst krank melden.*
- *„Sie werden uns fehlen“ ist keine Lüge; und tut gut zu hören.*

Was denken Sie, wenn sich jemand krank meldet?

Eine typische Reaktion von Führungskräften bei der Krankmeldung eines Mitarbeiters ist Ärger: Die Produktion wird beeinträchtigt, Umplanen wird nötig, andere Mitarbeiter müssen einspringen oder werden überlastet. Dass Sie den Ärger über die nötige Umdisponierung etc. ruhig äußern dürfen (solange daraus keine Vorwürfe werden) wissen Sie schon. Und auch, dass Sie über die 5% nicht die anderen 95% vergessen sollten.

Eine weitere typische Reaktion ist der Gedanke „Der mag mich nicht!“ Das würde niemand zugeben oder gar laut sagen, aber unterschwellig spielt dieser Gedanke häufig eine Rolle: Die Führungskraft fühlt sich persönlich angegriffen durch das Fernbleiben des Mitarbeiters. Manche fühlen sich auch in ihrer Rolle bedroht („der nimmt mich nicht für voll, deshalb macht er es sich so leicht mit dem Blaumachen“).

Wenn zudem ein Sympathiemangel besteht, ist der Grundstein gelegt für einen Teufelskreis: Die Führungskraft unterstellt dem Mitarbeiter böswilliges Fernbleiben, der Mitarbeiter spürt unausgesprochene Vorwürfe und zieht sich zurück, die Führungskraft deutet das Zurückziehen als Bestätigung („der hat was zu verbergen“), fühlt sich abgelehnt und mag ihn noch weniger, der Mitarbeiter zieht sich zurück usw.

Der Mitarbeiter meldet sich nicht deshalb krank, weil er Ihnen schaden will (das gibt’s natürlich auch – aber nur, wenn er sich vorher durch Sie gekränkt gefühlt hat). Er meldet sich krank, weil es ihm nicht gut geht.

Gehen Sie davon aus, dass Ihre Mitarbeiter arbeiten WOLLEN; auf die meisten Menschen trifft das zu. Unterstellen Sie die beste Absicht. Dann fällt es Ihnen leichter, ehrlich gute Besserung zu wünschen. Und Sie vermeiden die oben genannten Teufelskreise nach dem Schema „der mag mich nicht, also mag ich ihn auch nicht“.

Gut zu wissen:

- *Führungskräfte fühlen sich oft durch Krankmeldungen persönlich angegriffen.*
- *Man darf nicht über die 5% Ärger-Verursacher die anderen 95% vergessen.*
- *Unterstellen Sie immer die beste Absicht, so vermeiden Sie Teufelskreise.*

Was tun Sie, wenn Sie den Kerl nicht leiden können?

„Gut, dass Sie da sind!“ – So eine Anerkennung für Anwesenheit geht beim Top-Leister leicht über die Lippen. Diese Haltung fällt aber vielen Führungskräften schwer, sobald es sich um Mitarbeitende handelt, die häufige Kurzerkrankungen aufweisen oder Minderleistungen erbringen – oder die die Führungskraft einfach nicht mag. Wie ist das bei Ihnen?

Viele Führungskräfte haben sofort 2 Subgruppen im Kopf, sobald sie an ihr Team denken: eine Drinnen-Gruppe und eine Draußen-Gruppe (das behaupten Manzoni und Barsoux, die „Das Versager-Syndrom“ geschrieben haben). Die Drinnen-Gruppe umfasst Menschen, denen die Führungskraft vertraut und wichtige Aufgaben zutraut ohne engmaschige Kontrollen. Die Führungskraft mag diese Leute – und die Leute mögen sie.

Sympathie ist selten eine Einbahnstraße.

Bei denen in der Draußen-Gruppe verhält sich die Führungskraft genau anders: Die kontrolliert sie stark, gibt ihnen nur kleine unwichtige Aufgaben, unterstellt ihnen Faulheit und Desinteresse und Blaumacherei (vielleicht einfach nur, weil sie ab und zu krank sind?) und mag sie nicht. Wer ist bei Ihnen „drinnen“ und wer „draußen“? Und wenn Sie denken, dass Sie ja schließlich Ihre „Pappenheimer“ kennen?! Dann sollten Sie unbedingt Kapitel H lesen. Dauerhaft mit jemandem zusammen zu arbeiten, den man nicht mag, ist jedenfalls nicht gut für die Gesundheit.

Der häufigste Grund für Sympathiemangel: Man kennt sich noch zu wenig. Bevor Sie über eine Versetzung nachdenken: Suchen Sie so lange, bis Ihnen mindestens 3 Dinge an dem Mitarbeiter aufgefallen sind, die Sie sympathisch finden. Und finden Sie mindestens 5 Erklärungen für Fehlverhalten (Tipp: Fragen Sie sich, wie Sie dasselbe Verhalten bei einem Ihrer Lieblinge aus der Drinnen-Gruppe erklären würden).

Gut zu wissen:

- *Die meisten Führungskräfte haben ein Drinnen- und ein Draußen-Team.*
- *Der wichtigste Tipp bei Sympathiemangel: sich besser kennenlernen!*
- *Gute Chefs geben den Draußen-Leuten Chancen, „rein“ zu kommen.*

Wie gehen Sie damit um, wenn jemand innerlich gekündigt hat?

Wie Sie oben schon lesen konnten, gilt in Bezug auf die Entscheidungen, die ein Mitarbeiter bei einer Krankmeldung fällen muss: Sie als Führungskraft müssen hoffen, dass er im Sinne des Betriebes handelt. Das wird er normalerweise, wenn er sich am Arbeitsplatz wertgeschätzt, gebraucht und sozial gut eingebunden fühlt.

Vielleicht hat er sich aber auch schon seit langem innerlich vom Betrieb verabschiedet und macht nur noch Dienst nach Vorschrift oder weniger. Vielleicht haben Sie den Mitarbeiter von Ihrem Vorgänger übernommen. Vielleicht ist er bereits im Betrieb bekannt als notorischer Faulpelz.

Sprechen Sie trotzdem nie von einem Menschen als „Minderleister". Das würde ja heißen, dass er nie und unter keinen Umständen eine gute Leistung erbringt. Das stimmt vermutlich nicht (irgendjemand hat ihn ja auch eingestellt). Aber unter den aktuellen Bedingungen, bei der aktuellen Tätigkeit, in dem aktuellen Team und mit Ihnen als seiner aktuellen Führungskraft erbringt er eine Minderleistung.

Wenn sich die Umstände ändern, ändert sich vielleicht auch die Leistung des Mitarbeiters. Fragen Sie ihn doch einfach, welche Tätigkeit er gern ausüben würde (er weiß schon selbst, dass Sie keine Wunder bewirken können) und wo er glaubt, seine Stärken gut einbringen zu können. Evtl. schaffen Sie es, sein Interesse zu erwecken, indem Sie ihn einbeziehen und mit gestalten lassen. Aber martern Sie sich nicht mit Selbstvorwürfen. Letztlich ist jeder Mitarbeiter für sich selbst verantwortlich.

Tipp: Pflegen Sie insbesondere die Anwesenden. Sorgen Sie dafür, dass die weiterhin gern zur Arbeit kommen. Wenn Sie jeden entsprechend seinen Stärken einsetzen und die Leute viel mit gestalten dürfen, stecken die anderen den Innerlich-Gekündigten vielleicht an ...

Gut zu wissen:

- *Man sollte innerlich Gekündigte nach ihren Stärken und Wünschen fragen.*
- *Jeder Mitarbeiter ist auch für sich selbst verantwortlich.*
- *Führungskräfte sollen alles versuchen, aber sich nicht selber martern.*

Warum ist es wichtig, dass Sie Kontakt zu Erkrankten halten?

Damit sie bald wieder gesund, fit und anwesend sind!

Es ist normalerweise für Mitarbeiter nicht schwer, ihre Arbeitsunfähigkeit auszudehnen. Je nach dem, wie sie ihre Genesungszeit gestalten und wie sie sich beim Arzt verhalten, lässt sich die Dauer der Krankschreibung beeinflussen. Das ist ein offenes Geheimnis.

Krankheiten sind nun einmal keine rein körperliche Angelegenheit. Die Psyche beeinflusst den Genesungsprozess. Das Wohlbefinden am Arbeitsplatz entscheidet mit über das Auftreten beim Arztbesuch. Das gilt auch für „eindeutige“ Erkrankungen wie einen Beinbruch!

Wenn die Mitarbeiter wissen und merken, dass sie bei der Arbeit gebraucht und gemocht (!) werden, erleichtert dies eine Verkürzung der Arbeitsunfähigkeitsdauer ohne Gefahr für die Gesundheit. Und die ist Geld wert: Langzeiterkrankungen (bis 6 Wochen) gehen ins Geld! Kurzerkrankungen kosten „nur“ Ärger.

Der Mitarbeiter muss merken, dass er Ihnen nicht egal ist und dass Sie ihn nicht vergessen haben. Der Österreicher Heinrich Geißler, einer der Erfinder des sog. „Anerkennenden Erfahrungsaustauschs“, meint:

> Menschen sollten nicht erst krank werden müssen,
> damit man mit ihnen spricht.

Und da hat er Recht. Aber wie bei der Krankmeldung bietet auch die Zeit während der Erkrankung eine Chance zur aktiven Kontaktgestaltung.

Zeigen Sie dem Mitarbeiter, dass Sie ihn brauchen und schätzen: Betreiben Sie Mitarbeiterpflege während der Erkrankung, indem Sie den Kontakt suchen und halten – damit er sich nicht vergessen fühlt!

Gut zu wissen:

- *Kurzerkrankungen „kosten“ Ärger, Langzeiterkrankungen kosten Geld.*
- *Mitarbeiter beeinflussen die Dauer ihrer Arbeitsunfähigkeit stark mit.*
- *Die Zeit während der Erkrankung kann man zur Mitarbeiterpflege nutzen.*

Wie halten Sie Kontakt zu kranken Mitarbeitern?

Viele Führungskräfte trauen sich nicht, krank geschriebene Beschäftigte daheim anzurufen. Sie fürchten, der Mitarbeiter könnte sich kontrolliert fühlen. Und tatsächlich hat es schon Fälle gegeben, in denen Mitarbeiter nach einem Anruf ihres Vorgesetzten zum Betriebsrat gegangen sind, um sich dort zu beklagen: Durch den Anruf und vor allem durch die Frage, wann denn wieder mit ihrem Einsatz zu rechnen sei, hätten sie sich unter Druck gesetzt gefühlt, was ihren Genesungsprozess behindert habe.

Hallo?! Ich würde sagen: Da lag das Verhältnis ohnehin schon im Argen. In einer von Vertrauen geprägten Kultur wird der Anruf der Führungskraft als Ausdruck von Interesse verstanden. Und genau das soll er auch sein: Ausdruck von Interesse. Es tut gut, wenn man merkt: Die anderen denken an einen, und man ist denen nicht egal. Und es ist mehr als verständlich, dass Vorgesetzte wissen möchten, wann wieder mit dem Mitarbeiter zu rechnen ist. Sie müssen schließlich planen können.

Häufig kann der Krank-Geschriebene abschätzen, wann er ungefähr wieder einsatzbereit sein wird. Es ist in meinen Augen ein Gebot der Fairness, den Vorgesetzten hierüber in Kenntnis zu setzen – am besten von sich aus. Dann erübrigt sich auch der Anruf der Führungskraft.

Ein Ausdruck der oben erwähnten „Mitarbeiterpflege" kann auch der Besuch des Kranken sein – das sollten Sie aber unbedingt vorher mit ihm absprechen (und nicht beleidigt sein, wenn er dies ablehnt). Oder Sie schreiben eine Karte – handschriftlich, persönlich! Vielleicht haben die anderen aus dem Team Lust, ebenfalls zu unterschreiben. Dann wirkt es noch netter und personbezogener.

Gefährlich ist es nur, wenn Sie EINIGE anrufen, besuchen oder anschreiben, andere hingegen nicht! Tipp: Machen Sie es transparent und für alle gleich („Ich rufe jeden an, der 10 Tage krank ist ...").

Gut zu wissen:

- *Mitarbeiterpflege in Erkrankung geht z.B. über: Anruf, Karte, Besuch.*
- *Damit sich keiner benachteiligt fühlt, sollten alle gleich behandelt werden.*
- *Krankenbesuche sollte man unbedingt vorher absprechen.*

Was tun Sie, wenn der Mitarbeiter seine Diagnose nicht verrät?

Sie haben kein Anrecht auf die Nennung der Diagnose.

Das wissen Sie bestimmt selber.

In den meisten Fällen kennen Sie die Diagnose vermutlich trotzdem.

Die meisten Mitarbeiter haben nämlich eine Art Rechtfertigungszwang: Sie wollen, dass Sie ihnen glauben, dass sie wirklich krank waren. Deshalb erzählen sie häufig von sich aus, worunter sie leiden.

Aber:

Seien Sie nicht beleidigt, wenn Sie die Diagnose mal nicht erfahren.

Es gibt einfach Krankheiten, über die möchte man mit niemandem reden. Dazu zählen zum Beispiel Hodenkrebs, Frauenleiden, Hämorrhoiden ...

Wenn Sie einmal eine Diagnose nicht erfahren, muss das also kein Hinweis darauf sein, dass das Verhältnis zwischen Ihnen und dem Mitarbeiter gestört ist – es kann auch einfach sein, dass er die Erkrankung für zu intim hält oder sich schämt.

Ob das Verhältnis zwischen Ihnen und Ihrem Mitarbeiter stimmt, sollten Sie an anderen Dingen festmachen als an der Frage, ob er Ihnen anvertraut, woran er gerade leidet.

Gut zu wissen:

- *Führungskräfte haben kein Anrecht auf Nennung der Diagnose.*
- *Mitarbeiter fühlen sich unter Rechtfertigungsdruck und berichten von selbst.*
- *Sie sollten daher nicht beleidigt sein, wenn Sie die Diagnose nicht erfahren.*

Wie gehen Sie damit um, wenn der Mitarbeiter zu viel Intimes erzählt?

Wie Sie bereits lesen konnten, wünschen sich die meisten Mitarbeiter, dass Sie ihnen ihre Erkrankung glauben. Sie wollen in gar keinem Fall als Simulanten da stehen und berichten deshalb lieber zu viel als zu wenig.

Manchmal erzählen sie dazu sooo viel, dass Sie sich vielleicht am liebsten die Ohren zuhalten würden. So genau wollen Sie eigentlich gar nicht wissen, was der Arzt gemacht hat, nachdem er die Vene nicht getroffen hat; oder wie das Innere des verfaulten Zahns aussah ...

Vielleicht wird Ihnen das manchmal zuviel. Zum Beispiel, weil in Ihrem Freundeskreis jemand eine ähnliche Erkrankung hat, und nun fühlen Sie sich durch die Schilderungen des Mitarbeiters selber belastet. Oder weil es Ihnen zu viel von Ihrer Zeit raubt.

Sie sollten nicht aus lauter Höflichkeit ausharren oder vor Langeweile mental auf Wanderschaft gehen.

Sie dürfen ruhig eine Grenze setzen. Sagen Sie zum Beispiel:

> „Herr Schmidtke, Ihr Vertrauen ehrt mich, aber so genau brauche ich das gar nicht zu wissen. Müssen Sie sich denn noch schonen?“
>
> oder:
>
> „Jupp, lass gut sein! Du armer Kerl! Das geht mich doch gar nix an. Bist du denn jetzt wieder voll fit?“

Und dann berichten Sie dem Mitarbeiter, was in der Zwischenzeit passiert ist und wünschen ihm einen guten Wiedereinstieg, wie Sie es auf der nächsten Seite lesen können.

Gut zu wissen:

- *Mitarbeiter erzählen häufig intime Details, damit man ihnen glaubt.*
- *Eine Führungskraft darf sich dagegen abgrenzen, wenn es ihr zuviel wird.*
- *Sie wollte sich nach der Einsatzbereitschaft erkundigen und so ablenken.*

Wie führen Sie ein Willkommensgespräch?

Wenn Sie aus einer Erkrankung zurückkehren: Wollen Sie dann von Ihrer Führungskraft begrüßt werden?

Die meisten Menschen beantworten diese Frage mit „ja“ – sofern ihr Verhältnis zur Führungskraft stimmt. Nur wenn es im Argen liegt, möchte man lieber direkt weiter arbeiten und meidet den Kontakt zum Chef.

Das Willkommensgespräch gehört zu den wichtigsten Gesprächen, die Sie als Führungskraft überhaupt führen können. Damit zeigen Sie, dass Sie sich kümmern! Und dass Ihnen die Anwesenheit wichtig ist.

Ich meine hier nicht das klassische Rückkehrgespräch, zu dem Sie evtl. eine Betriebsvereinbarung haben (und das Sie womöglich mit Notizen dokumentieren sollen – ich persönlich halte nicht viel davon, weil es Misstrauen ausstrahlt). Ich meine das ganz normale Begrüßen nach einer Abwesenheit, sei sie positiv oder erkrankungsbedingt gewesen.

Führen Sie Willkommensgespräche nach jeder Abwesenheit, also auch nach Urlaub oder Fortbildung, und mit jedem Mitarbeiter (vgl. übernächste Seite). Das kann – bei positiv bedingten Abwesenheiten – in 10 Sekunden erledigt sein ... (dann natürlich nicht mit Termin, Kaffee und verschlossener Tür, sondern einfach im Stehen).

Es besteht aus 4 Schritten und kann Wunder bewirken.

1. **„Schön, dass Sie wieder da sind, Herr / Frau ....“ (immer)**
2. **„Hatte es mit der Arbeit zu tun? (nur bei Erkrankung)**
3. **„Ist noch Schonung nötig?“ (nur bei Erkrankung)**
4. **„Das ist in der Zwischenzeit passiert: ...“ (immer)**

Gut zu wissen:

- *Willkommensgespräche werden nach JEDER Abwesenheit geführt.*
- *Im Willkommensgespräch zeigt die Führungskraft, dass sie sich kümmert.*
- *Bei positiven Abwesenheiten ist das Gespräch in 10 Sekunden erledigt.*

Wieso sollten Sie das Willkommensgespräch nicht delegieren?

Sie sollten das Willkommensgespräch als „willkommenen" Anlass betrachten, um mit dem Mitarbeiter in Kontakt zu treten. Diese wichtige Aufgabe sollten Sie nicht aus der Hand geben. Es ist wichtig, dass Ihr Mitarbeiter spürt: Sie persönlich als sein direkter Chef interessieren sich für ihn und seine Gesundheit; und er wird gebraucht; er wurde vermisst.

Sie geben dadurch das Signal: „Ich bekomme mit, was in meinem Team passiert; ich bin eine aufmerksame, interessierte Führungskraft." Sie sind „dran" an Ihren Leuten. Da kann keiner in der Anonymität verschwinden oder sich unsichtbar machen. Wenn Sie diese Gespräche (die ja, wie gesagt, je nach Abwesenheitsgrund unter 10 Sekunden dauern können) delegieren, verzichten Sie auf diese Signale.

Das wäre schade. **Und das Delegieren an die Personalabteilung ist erstens feige, und zweitens stellt es bereits eine Eskalationsstufe dar!**

Das Willkommensgespräch kann wie ein Wundermittel wirken. Es holt das Gespräch zwischen Führungskraft und Mitarbeiter nämlich raus aus der Tabuzone: Es wird normal, dass die miteinander reden (während es früher hieß: „Der muss zum Chef! Der hat wohl was ausgefressen!").

Eine Zeit lang war es „in", hohe Fehlzeiten durch die Einführung von Krankenrückkehrgesprächen zu bekämpfen. Dazu wurde ein Trainer eingekauft, der Führungskräften beibrachte, wie sie mit ihren Leuten sprechen sollten, wenn diese nach einer Krankheit zurückkehrten.

Ich persönlich halte das für überflüssig. Aus psychologischer Sicht macht es mehr Sinn, an einem besseren Verhältnis zum Mitarbeiter zu arbeiten (und zum Beispiel den Sympathiegehalt dieser Beziehung zu erhöhen), als ein Gesprächsverhalten künstlich einzuüben. Der Mitarbeiter merkt es eh, ob der Vorgesetzte sich wirklich für ihn interessiert oder nur so tut.

Gut zu wissen:

- *Das Willkommensgespräch ist als willkommener Gesprächsanlass zu sehen.*
- *Es sollte selbstverständlich sein, nach Abwesenheiten miteinander zu reden.*
- *Wo das Verhältnis stimmt, braucht man das nicht zu üben.*

Wieso sollten Sie das Willkommensgespräch mit ALLEN führen?

Vermutlich führen Sie das Willkommensgespräch sowieso schon. Aber ich bin sicher: Sie führen es unterschiedlich gern und unterschiedlich intensiv – je nach dem, wie gern Sie die Leute mögen. Das ist blöd: Ungleichbehandlung führt zu Unfrieden. Man könnte ja denken, es reicht, wenn Sie solche Gespräche mit Ihren Blaumacher-Verdachtskandidaten nach einer Kurzerkrankung führen. Das stimmt aber nicht.

Es ist unerlässlich, dass Sie **mit ALLEN Mitarbeitern** sprechen, also nicht nur mit Ihren Lieblingen oder mit Ihren Blaumacher-Verdächtigen. Und es ist unerlässlich, dass Sie das Gespräch **nach ALLEN Abwesenheiten** führen, also auch nach Hochzeit, Urlaub, Fortbildung oder Umzug.

Sie signalisieren mit dem Gespräch: „Mir ist aufgefallen, dass Sie nicht da waren." Dieses Signal werden die „echten Kranken" als Ausdruck von Fürsorge bewerten. Wer es sich ein bisschen einfach macht mit den Kurzerkrankungen, der wird dieses Signal evtl. als Ausdruck von Kontrolle verstehen – das ist in diesem Falle ja von Ihnen gewünscht.

Das Gespräch zwischen Mitarbeiter und Führungskraft soll aus der Tabuzone geholt werden; es soll normal werden, miteinander zu reden – diesen Effekt erzielen Sie nur, wenn Sie tatsächlich mit allen sprechen. Nur dann fühlt sich niemand diskriminiert und niemand bevorzugt.

Zwischenmenschliche Beziehungen können sich nur dann verbessern, wenn man einander die Chance dazu gibt – zum Beispiel, indem man miteinander spricht. Den Rahmen für diese Chance müssen Sie als Führungskraft gestalten und dabei einen Schritt vorangehen.

Noch einmal zur Erinnerung: Mitarbeiter mit häufigen Kurzerkrankungen mag man als Führungskraft oft nicht gern; man findet sie unsympathisch. Sympathie aber ist immer gegenseitig. Sie lässt sich nur vergrößern, indem man sich besser kennenlernt: im Gespräch!

Gut zu wissen:

- *Willkommensgespräche sind weder Belohnungs- noch Bestrafungsgespräche.*
- *Sie sind Ausdruck von Fürsorge und Interesse – und zwar gegenüber ALLEN.*
- *Und sie bieten eine Chance, die Beziehung zum Mitarbeiter zu verbessern.*

Wie machen Sie das mit der Wiedereingliederung?

Können Sie sich noch daran erinnern, wie es war, als Sie das letzte Mal nach längerer Abwesenheit an den Arbeitsplatz zurückgekehrt sind?

Wurden Sie begrüßt? behandelt wie ein Gast? herzlich willkommen geheißen? über alle Ereignisse informiert? gut integriert? Schön!!!

Ein tolles Beispiel, wie Reintegration starten kann, zeigt der SUVA-Film zur Wiedereingliederungskampagne * : Ein Mitarbeiter kommt nach einem Krankenhausaufenthalt zurück auf die Baustelle. Er fühlt sich unsicher, schaut skeptisch, die Kollegen ignorieren ihn.

Bis plötzlich einer ihn am Arm packt und nach oben zeigt: Ein Kran senkt langsam eine Palette ab. Und darauf steht ein bunter Blumenstrauß! Ein Kollege holt den Strauß, überreicht ihn, alle anderen klatschen Beifall (das Ignorieren war nur gespielt): Sie freuen sich, dass er wieder da ist!

Dieser Idealfall ist selten ... Erfahrungsgemäß haben viele Mitarbeiter den Eindruck, ihr Fehlen wurde gar nicht bemerkt. Oder die Kollegen sind sauer angesichts der langen Abwesenheit, während derer sie Mehrarbeit machen mussten. Und nun soll man sofort wieder 100% geben.

Diesen Wiedereinstieg sollten Sie als Führungskraft erleichtern (unabhängig davon, ob es in Ihrem Betrieb schon ein Betriebliches Eingliederungsmanagement BEM gibt oder nicht). Auch hierzu ist das Willkommensgespräch geeignet: Je länger die Abwesenheit, desto länger dauert es. Aber die Struktur bleibt dieselbe.

Noch einmal: Wer sich am Arbeitsplatz wohl und gebraucht fühlt, der kehrt auch nach der Genesung gern wieder dorthin zurück („Sie haben uns gefehlt. Schön, dass Sie wieder das sind!“).

* http://www.suva.ch/startseite-suva/service-suva/kampagnen-suva/wiedereingliederungskampagne-suva.htm

Gut zu wissen:

- *Wer sich am Arbeitsplatz wohl fühlt, kehrt gern dahin zurück.*
- *Es ist wichtig, dass der Mitarbeiter dort willkommen geheißen wird.*
- *Auch bei der Wiedereingliederung hilft das Willkommensgespräch.*

Wie geht das mit der Blaumacher-Entlarvung?

Ich muss Sie enttäuschen (vor allem diejenigen, die das Buch direkt an dieser Stelle aufgeschlagen haben): Es gibt keine Blaumacher-Entlarvungs-Tricks! * Man kann nicht unterscheiden, ob jemand tatsächlich krank macht oder „nur“ blaumacht. Die Argumente, mit denen Sie sich auseinandersetzen müssen, sind dieselben.

Der eine kann vielleicht besser lügen als der andere. Der dritte möchte lieber von Ihnen als Blaumacher abgestempelt werden, als Ihnen zu sagen, woran er leidet (z.B. Inkontinenz, Prostatakrebs). Herauszufinden, wer wann lügt – das ist auch mit Techniken des Neurolinguistischen Programmierens (NLP) oder psychologisch fundierten „Tricks“ nicht möglich. Meiner Meinung nach gibt es keine solchen Tricks.

Daher sollten Sie bei jedem Menschen von der Unschuldsvermutung ausgehen, statt Detektiv spielen zu wollen. Auch wenn es schwer fällt. Gehen Sie vorurteilsfrei ins Willkommensgespräch (indem Sie vorher Ihre Haltung gegenüber dem Mitarbeiter überprüfen: was kann der? mag ich den? was an ihm mag ich? warum rege ich mich so auf? fühle ich mich persönlich beleidigt, nur weil er gefehlt hat? wie wird er sich fühlen angesichts dessen, dass er das Gespräch mit mir vor sich hat? wie kann ich eine Eskalation vermeiden und echtes Interesse zeigen?).

Wenn Sie regelmäßig ins Willkommensgespräch gehen, hat der Ärger gar keine Chance, gewaltig groß zu werden: Sie schlucken ihn dann nämlich nicht runter, sondern thematisieren ihn im Gespräch (s.S. 23). Und Vorwürfe können sich dann auch nicht verselbständigen.

Es wird für Sie selbstverständlich sein, mit dem Mitarbeiter (mit jedem!) ins Gespräch zu gehen. **Das ist die beste Blaumacher-Prävention!** Und letztlich geht’s doch nicht darum, jemanden zu überführen, sondern darum, Anwesenheit zu fördern und Arbeitsfähigkeit zu verbessern.

Gut zu wissen:

- *Manche wollen lieber als Blaumacher gelten als ihre Krankheit zu nennen.*
- *Es gibt keine Blaumacher-Entlarvungstricks. Wer das verspricht, ist unseriös.*
- *Die beste Blaumacher-Prävention ist: Willkommensgespräche führen.*

Was, wenn Sie sich ganz sicher sind, dass der Mitarbeiter blau macht?

Es gibt Blaumacher, keine Frage. Menschen, die ein System ausnutzen, gibt's überall. Ja. Aber das sind wenige. Die meisten wollten ursprünglich gern arbeiten. Aber dann haben sie – aus ihrer Sicht – eine Kränkung erlebt. Und nun wollen sie sich rächen. Wer sich an seinem Chef rächen will, der kann das prima, indem er häufige Kurzerkrankungen vorgibt.

Und menschliche Mimosen gibt's auch sehr viele, stimmt. Die legen jedes Wort auf die Goldwaage und sind ratzfatz beleidigt. Oder sie fürchten bei jedem kleinen Symptom, dass sie schwerkrank sein könnten. Aber glauben Sie mir: Auch das hat seine Gründe! Seien Sie froh, das Sie anders ticken und eine robustere Natur haben!

Ihr Job im Umgang mit solchen Menschen: Dran bleiben! Immer wieder in Kontakt gehen! Sie fragen, welche Ideen sie haben, um ihre Arbeit selbständig zu gestalten, so dass sie ihnen mehr Freude macht. Die Menschen (nicht ihr Verhalten! die MENSCHEN) als Person wertschätzen (andernfalls noch mal die Seite über Sympathiedefizite lesen).

Sie sind sich noch immer ganz sicher: „der macht blau"? Dann möchte ich Ihnen kurz eine wahre Geschichte erzählen: Eine Frau war im Betrieb schweigsam, zog sich zurück und fehlte immer wieder mal freitags. Der Chef dachte, sie hätte innerlich gekündigt und würde blaumachen. Was steckte dahinter? Sie litt seit einigen Wochen unter Multipler Sklerose; die Diagnose war noch neu für sie, und sie wollte, dass wenigstens bei der Arbeit alles so weiterlief wie bisher; daher hatte sie niemandem davon erzählt; freitags musste sie deswegen immer zur Uniklinik.

Wenn man solche Geschichten hört, wächst, wie ich finde, die Demut vor Menschen mit Erkrankungen. Es gibt einfach Leute, die haben ein verdammt schweres Päckchen zu tragen, auch wenn man's nicht sieht.

** Teile dieser beiden Seiten sind entnommen aus meinen Büchern „Führung und Gesundheit" und „Gesund Führen. Das Handbuch für schwierige Situationen"*

Gut zu wissen:

- *Hinter scheinbaren Blaumachern verbergen sich oft krasse Erkrankungen.*
- *Man sollte froh sein, wenn man selber nicht so ein Schicksal hat.*

Wie wirksam ist eine Attestpflicht ab dem 1. Tag?

Erst nach etlichen Willkommensgesprächen sollten Sie mit dem Gedanken an die unten genannten Sanktionen spielen. Bis dahin gilt: Wieder und wieder den Kontakt suchen – und zwar nicht pro forma. Sondern wirklich den Menschen kennen lernen wollen; sein aktuelles Befinden verstehen; ihn nach Verbesserungsideen fragen.

Wenn Sie die Arbeit nicht attraktiv machen können, sollten Sie den Kontakt zu Ihnen und den Zusammenhalt im Team möglichst wohlbefindensförderlich gestalten. Nicht vergessen: Die allermeisten Menschen wollen arbeiten – oder wollten es ursprünglich einmal, bis irgendetwas passiert ist (Ungleichbehandlung o.ä.), dann war's vorbei.

Wenn Sie den Menschen wirklich nicht mehr im Gespräch erreichen und er auf Durchzug schaltet oder Sie befürchten, dass der Rest des Teams darunter leidet, dann sollten Sie sich an die Personalabteilung wenden.

Diese kann zum Beispiel dafür sorgen, dass dem Mitarbeiter eine Attestpflicht ab dem 1. Tag auferlegt wird. Meine Erfahrung mit diesem Thema ist: In ca. 50% der Fälle führt das Vorgehen tatsächlich zu einem Rückgang der Kurzerkrankungen (zu einem Zuwachs der Leistungsbereitschaft führt es sicher nicht!); in den anderen 50% der Fälle ging der Schuss nach hinten los: Aufgrund des Misstrauensausdrucks fehlte der jeweilige Mitarbeiter fortan stets über längere Zeiträume.

Auch der juristische Weg (Abmahnung bis hin zur Kündigung) ist anstrengend und führt selten zu einem besseren Betriebsklima. Das ist sehr mühsam; das bestreiten Sie ja ohnehin nicht allein, sondern das tut die Personalabteilung für Sie. Aber Sie sollten sich sagen können: „ich habe alles versucht" und dabei stets im Hinterkopf haben: Der Hauptgrund für führungsbedingte Fehlzeiten sind Sympathiedefizite! Gehen Sie es doch lieber psychologisch an und versuchen es mit Wertschätzung.

Gut zu wissen:

- *Der juristische Weg ist anstrengend, mühsam und oft erfolglos.*
- *Der psychologische Weg ist oft sinnvoller, kostet aber Überwindung.*
- *Die Attestpflicht ab dem 1. Tag bewirkt oft nichts oder das Gegenteil.*

Wie verhindern Sie, dass der häufig fehlende Mitarbeiter Ihr Team ansteckt?

Die Anwesenden sind wichtiger als die Abwesenden. Zumindest SOLLTE es so sein. Ärgern Sie sich kein Magengeschwür über die wenigen, die abwesend sind – kümmern Sie sich um die, die anwesend sind (es sei denn, die gehören ins Bett; das Thema hatten wir ja oben schon).

Anwesenheit muss sich lohnen – dazu gehört, dass sie bemerkt wird!

Sich als Führungskraft hinterm Schreibtisch im Büro zu verschanzen (und sich damit unsichtbar zu machen für die Mitarbeiter), das gibt den Mitarbeitern das Gefühl, sie würden nicht wahrgenommen. In diesem Fall muss die Arbeit schon sehr spannend sein, um zur Anwesenheit zu motivieren. Im produzierenden Gewerbe ist sie das oft nicht.

Wenn Sie verhindern wollen, dass das Modell des häufig kurz fehlenden Mitarbeiters Schule macht, sollten Sie genau das tun: Sich über die Anwesenden freuen und ihnen für den Einsatz danken, ohne den Abwesenden schlecht zu machen. Sagen Sie z.B.: „Leute, ich bin froh, dass ihr in dieser harten Zeit – noch dazu mit 1 Mann weniger – so einen tollen Job macht! Ich weiß, das ist nicht leicht. Danke!“

Sozialer Druck seitens der Gruppe kann sinnvoll sein (z.B. wenn sich die Gruppennorm herausbildet „bei einem leichten Schnupfen kommen wir trotzdem zur Arbeit“). Aber Sie sollten darauf achten, dass sich das restliche Team nicht zusammenrottet und gegen den Abwesenden vorgeht.

Sagen Sie in solchen Fällen zum Beispiel: „Euren Einsatz für den Betrieb in allen Ehren. Aber wir gehören nun mal ALLE zu diesem Team. Er hat es sich nicht ausgesucht, dass er so häufig fehlt (*wichtig! dass Ihnen das aufgefallen ist, dürfen und sollten Sie sehr wohl sagen*). In einem guten Team tragen die Starken die Schwachen eine Zeit lang mit. Wir alle sollten froh sein, dass wir so fit sind.“

Gut zu wissen:

- *Die Ansteckungsgefahr wird verringert, wenn die Anwesenheit bemerkt wird.*
- *Eine Möglichkeit dazu: Dank äußern, gerade in harten Zeiten.*
- *Man sollte verhindern, dass der Abwesende sozial ausgegrenzt wird.*

Was bewirken Anwesenheitsprämien?

In den meisten Fällen sorgen sie für Stunk (Mitarbeiter sagen: „Was kann ich dafür, dass ich 3 Tage Migräne hatte?! Das war schon Strafe genug!"). Nur sehr selten bewirken sie das, was sie sollen: Falls tatsächlich aufgrund von Prämien die Anwesenheitsquote erhöht wird, kann man davon ausgehen, dass sich die Leute krank zum Job schleppen. Für 50,- € oder einen Gutschein. Will man das? Ziel verfehlt!

Eine Anwesenheitsprämie soll ein Ausdruck von Dank sein: „Wir freuen uns, dass du immer anwesend warst; und wir danken dir dafür". Und sie soll in einem ersten Schritt signalisieren: „Uns ist das aufgefallen, dass du immer da warst, obwohl du sicher auch mal Kopfweh hattest o.ä."

Beides können und sollten Sie als direkte Führungskraft auch „so" äußern. Ohne Geld oder Gutschein. Einfach von Mensch zu Mensch. Machen Sie Anwesenheit zum Thema! Diesen Satz haben Sie in diesem Heft schon häufiger lesen können. Dann brauchen Sie keine Prämien!

Der einzige Vorteil ist, dass Anwesenheitsprämien die Erkenntnis des Mitarbeiters verhindern „ich bin da – keiner merkt's". Diese Erkenntnis ist nämlich der direkte Weg in die Abwesenheit; zumindest wenn die Arbeit nicht besonders spannend oder herausfordernd ist.

Wenn schon Belohnungen als Ausdruck von Dank, dann finde ich z.B. ein Frühstück mit dem Niederlassungsleiter als Ausdruck von Anerkennung viel sinnvoller; das stärkt das Zugehörigkeitsgefühl viel mehr als Geld.

In ein paar Jahren wird das Thema „Fehlzeiten" ohnehin gegessen sein. Kein Mensch wird mehr wie der Kasperle fragen: „Seit ihr alle da?" Sondern alles wird sich – angesichts von demographischem Wandel und Fachkräftemangel – um die Frage drehen: Wie fit sind die Leute?

Gut zu wissen:

- *Anwesenheitsprämien geben das falsche Signal und bewirken nichts Gutes.*
- *Danke sagen und Aufmerksamkeit zeigen – das kann ein Chef auch anders.*
- *In ein paar Jahren wird kein Hahn mehr nach der Anwesenheitsquote krähen.*

Wie können Sie die Anwesenheitsquote in Ihrem Bereich verbessern?

Auf den letzten beiden Seiten dieses Hefts finden Sie hierzu einen Fragebogen!

Seien Sie großzügig mit dem Äußern von Anerkennung!

Machen Sie die Arbeit attraktiv, indem Sie Verantwortung übertragen! Sie wird als Ausdruck von Wertschätzung verstanden. Suchen und fragen Sie nach den Stärken des Mitarbeiters und setzen Sie ihn dementsprechend ein! Suchen Sie aktiv nach positiven Eigenschaften, so lange, bis Sie denjenigen sympathisch finden können.

Zeigen Sie Interesse an der Arbeit und (falls gewünscht) an der Person!

„Sie werden hier gebraucht. Und mir ist wichtig, dass es Ihnen gut geht“ – Dieses Signal wollen eigentlich jeden Morgen Beschäftigte von ihrer Führungskraft hören. Begegnen Sie Ihren Leuten auf der menschlichen Ebene! Von Person zu Person! Lernen Sie die Namen Ihrer Mitarbeitenden. Gratulieren Sie zum Geburtstag und zu Jubiläen (persönlich, nicht schriftlich – und wenn, dann allen!). Zeigen Sie Interesse an privaten Belangen (ist die Tochter wieder gesund? was macht der Sohn)!

Suchen Sie das Gespräch und beziehen Sie den Mitarbeiter mit ein!

Stellen Sie Fragen, statt nur Anweisungen zu geben: Woran arbeitet derjenige gerade? Wie kommt er voran? Fragen Sie den Mitarbeiter nach seiner Meinung, auch bei Themen, die nicht unbedingt mit der Arbeit zu tun haben (z.B. zur Fußball-Bundesliga, zur Steuerreform, zum Wetter).

Geben Sie soziale Unterstützung, um Belastungen zu puffern!

Das soll nicht heißen, dass Sie mitarbeiten müssen – aber ansprechbar sollen Sie sein! Ein offenes Ohr haben! Den Rücken stärken! An Erfolge erinnern!

Machen Sie Ihr Entscheidungen transparent und sich durchschaubar!

Zeigen Sie Gesicht! Ihre Emotionen machen Sie lebendig ... Erlauben Sie sich ein Lächeln – wichtig vor allem, wenn Ihre Mitarbeiter aus einem anderen Kulturkreis stammen und nicht so gut Deutsch können. Begründen Sie Ihre Entscheidungen!

Sorgen Sie für ein angenehmes Betriebsklima!

Vermeiden Sie Grüppchenbildung in Ihrem Team! Lästern Sie nicht! Unterstellen Sie stets die beste Absicht (das ist auch gesünder für Sie selbst!). Erlauben Sie kurze Schwätzchen. Lachen Sie mit ALLEN! Halten Sie Kontakt zu allen!

Woran erkennen Sie Überlastungen?

Als fürsorgliche Führungskraft sollten Sie bei den folgenden Symptomen (ohne Anspruch auf Vollständigkeit) aufmerksam werden und bei beobachteten Veränderungen das Gespräch suchen.

Veränderungen des Körpers

- Schwitzen, roter Kopf (oder starke Blässe)
- flacher Atem bis hin zur Hyperventilation
- Zittern
- Müdigkeit (z.B. Ringe unter den Augen)
- Appetitlosigkeit
- Anspannungen (z.B. hochgezogene Schultern, geballte Faust)
- ungepflegtes Erscheinungsbild
- spannungslose Haltung (gebückt)
- stumpfer Gesichtsausdruck

Veränderungen im Denken und Fühlen

- Stimmungslosigkeit (kann nicht mehr lachen, emotional leer)
- Zynismus oder “Miesmacher”-Gedanken (”kann ich eh nicht”)
- Wut, Aggressität
- geistige Abwesenheit im Gespräch
- Konzentrationsstörungen (vergessen, verwechseln etc.)

Veränderungen auf der Verhaltensebene

- Krankheitsverhalten (Gesicht verziehen, sich abstützen etc.)
- Verlangsamung (länger brauchen, Pausen durcharbeiten)
- Flüchtigkeitsfehler
- laut werden
- häufige Pausen (erkennbar z.B. an häufigen WC-Besuchen)
- Unzuverlässigkeit
- Ungeduld (Türen knallen, “genervt” reagieren etc.)
- Rückzug (Gespräche vermeiden, keine Beteiligung an Feiern o.ä.)
- vermehrtes Risikoverhalten (mehr Rauchen, Tabletten, Fahne)

Wie sprechen Sie es an, wenn Ihnen Überlastungen auffallen?

- Symptome für mögliche Überlastungen sollten Sie nicht ignorieren, sondern ansprechen („Macht Ihnen Ihr Rücken wieder Ärger? Sie Ärmste! Schauen Sie mal, ob es mit dem Arbeiten klappt! Und sonst gehen Sie halt heim.“). Bei wiederholtem Auftreten führen Sie ein Gespräch.
- Wie immer sollten Sie auch hier für eine ruhige, entspannte Atmosphäre sorgen – schließlich sollen sich beide Gesprächspartner wohl fühlen. Aber haben Sie nicht den Anspruch, komplett entspannt zu sein. In so einer Situation ist Herzklopfen normal!
- Sie sollten wertfrei beschreiben, was Ihnen aufgefallen ist, ohne eine Diagnose zu stellen. Sie können z.B. sagen: „Mir fällt gerade auf, Sie sind so blass“ (falls ungewöhnlich). Fassen Sie in Worte, dass dies eine Veränderung darstellt („So was kenne ich gar nicht von Ihnen.“).
- Formulieren Sie offen: „Was ist los?“ (und nicht, ob er oder sie ein Problem hat). Die Frage ist personfern und damit wenig bedrohlich. Seien Sie bitte nicht beleidigt, falls Sie ein „Nix“ zu hören bekommen. Vielleicht ist der andere noch nicht so weit sich zu öffnen. Oder es ist wirklich “nix”. Hauptsache, Sie haben ein Gesprächsangebot gemacht.
- Sie können auch Ihre Anteilnahme in Worte fassen: „Ich mache mir Sorgen und möchte Sie unterstützen.“ (Unterstützen beinhaltet – im Gegensatz zu Helfen –dass der andere bereits selber aktiv ist).
- Erkundigen Sie sich, welche Ideen der Mitarbeiter oder die Mitarbeiterin hat: „Was muss passieren, damit Sie sich hier bei uns wieder wohler fühlen können? Kann ich etwas dazu beitragen?“ Warten Sie geduldig auf die Antworten und überschütten Sie den Mitarbeiter nicht mit Ihren Ideen („Ich hab mir gedacht, Sie könnten ja mal ...“).
- Sie können ruhig Ihr eigenes Unbehagen formulieren („Ich führe so ein Gespräch auch nicht täglich, ist mir auch ein bisschen unangenehm“).
- Vielleicht möchten Sie einen Termin zum Austausch über Veränderungen festmachen („Ich schlage vor, wir setzen uns in zwei Wochen wieder zusammen und besprechen, was sich verändert hat.“)

Wieso ist es wichtig, dass Sie Gesundheit zum Thema machen?

Nur wenn Sie es schaffen, das Thema „Gesundheit“ aus der Tabuzone zu holen, werden Ihre Mitarbeiter den Mut haben, sich diesbezüglich zu öffnen. Nur dann werden sie sich trauen, Ihnen mitzuteilen „ich kann kommen, aber ich schaffe heute höchsten 70%“.

Diese Notwendigkeit, das Thema zu enttabuisieren, gilt insbesondere für psychische Erkrankungen. Reden Sie darüber, wenn z.B. ein Fußballer sich mit einem Burnout oder einer Depression geoutet hat. Machen Sie deutlich, dass Belastungen am Arbeitsplatz einem in gesundheitlicher Hinsicht ganz schön zusetzen können. Und dass es normal ist, sich deswegen Unterstützung von Profis zu holen – tun die Fußballspieler auch!

Nutzen Sie jede Chance zum Willkommensgespräch! Vielleicht kann Ihnen die CareCard rechts eine Hilfe sein dabei. Die Frage, ob es etwas mit der Arbeit zu tun hat, sollten Sie bewusst weit formulieren. Sie können zum Bespiel sagen: „Ob man sich wohl fühlt am Arbeitsplatz, das hat ja nicht nur mit der Technik, mit Kälte, Zugluft oder Lärm zu tun. Wichtig ist ja auch die Frage, ob man sich mit den Kollegen wohl fühlt oder mit der Arbeit als solcher – oder auch mit mir als Führungskraft. Welche Verbesserungsvorschläge hätten Sie diesbezüglich?“

Überhaupt ist es sinnvoll, dass Sie Körper-Psyche-Zusammenhänge thematisieren, indem Sie zum Beispiel Sätze äußern wie: „Am Ende der Schicht, wenn man körperlich viel gemacht hat, ist man auch im Kopf k.o. und kann sich nicht mehr gut konzentrieren.“ Oder: „Wenn der Stress zunimmt, steigt auch der Blutdruck.“ Oder auch, wenn jemand Schmerzen hat: „Schau mal, ob die Arbeit dich etwas ablenken kann.“

Schön wäre auch, wenn Sie bei Bewegungsübungen (recken, strecken, dehnen) Vorbild wären, damit Ihre Leute nicht denken: „Helm auf, gerade stehen, Krawatte kommt!“ Und verstärken Sie es positiv, wenn Ihre Leute mal die Schultern kreisen o.ä: „Korrekt! Das beugt Verspannungen vor!“

Gut zu wissen:

- *Vorgesetzte sollten Gesundheit (auch psychische) aus der Tabuzone holen.*
- *Führungskräfte sollten Vorbild sein und bei Bewegungsübungen loben.*

Wie überzeugen Sie Ihren Chef von Ihrer „Fehlzeiten-Unschuld"?

Vielleicht hat Ihnen Ihre Führungskraft dieses Heft in die Hand gedrückt mit den Worten „Mach' das mal so!" – wie Sie oben schon lesen konnten, gilt dieselbe Forderung dann auch für sie: Sie muss entweder die Arbeit als solche oder den persönlichen Kontakt zu Ihnen so gestalten, dass Sie sich wohlfühlen im Betrieb.

Führungskräfte sind bezüglich der Anwesenheitsquote nicht der einzige Einflussfaktor – aber Sie SIND ein Faktor (eben einer von mehreren).

Wichtig ist, dass Sie vor sich selbst und vor Ihrer Führungskraft da stehen als jemand, dem das Thema Anwesenheit am Herzen liegt.

Gut wäre, wenn Sie darauf verweisen könnten, dass Sie grundsätzlich mit allen (!) Beschäftigten Willkommensgespräche führen. Und es wäre prima, wenn Sie anhand des Fragebogens hinten in diesem Heft zeigen könnten: „ich tu, was in meiner Macht steht". Das kann Sie entlasten.

Falls Sie fürchten, dass Ihr Chef Sie krank macht, empfehle ich Ihnen das Buch „Wenn der Chef krank macht" (kostet weniger als 10 Euro und hilft beim Gesundbleiben unter schwierigen Bedingungen ...).

Unter www.mehr-wohlbefinden-im-job.de können Sie die abgebildete Karte im 10er-Pack erwerben – bei 30 Grad waschbar: Die übersteht sogar die Wäsche.

Gut zu wissen:

- *Führungskräfte sind EIN Einflussfaktor für die Anwesenheitsquote.*
- *Sie sollten ihr Verhalten reflektieren, z.B. anhand des Fragebogens hinten.*
- *Seriöse Behandlung von Fehlzeiten geht nicht ohne Willkommensgespräche.*

Was tun Sie, wenn Sie das nächste Mal krank sind?

Natürlich wünsche ich Ihnen von Herzen, dass Sie allezeit gesund, arbeitsfähig und arbeitsbereit bleiben mögen!

Aber falls sich doch einmal wieder eine Erkrankung einschleichen sollte, dann sollten Sie das als willkommenen Anlass betrachten, um die psychologischen Aspekte von An- und Abwesenheit einmal näher zu betrachten. Sie erleben sie ja dann am eigenen Leib.

Werfen Sie dann mal einen Blick auf das Ablaufdiagramm rechts und fragen Sie sich: Was läuft in IHNEN ab zu den 5 Zeitpunkten?

Welche Faktoren spielen bei Ihrer Bettkanten-Entscheidung eine Rolle? Wie verhalten Sie sich beim Arztbesuch? Wie handhaben Sie Ihre eigene Krankmeldung? Wie gestalten Sie Ihre Genesung? Wie ergeht es Ihnen bei der Wiedereingliederung? Was tut Ihre Führungskraft? Was wollen Sie selber als Führungskraft zukünftig besser machen als die?

Überprüfen Sie die „Eindeutigkeit" Ihrer Krankheitssymptome. Fragen Sie sich, wo Graubereiche liegen, innerhalb derer Sie selbst entscheiden, wie Sie Ihre Arbeitsunfähigkeitsphase gestalten.

Denken Sie auch an Ihre Vorbildfunktion. Wenn Sie sich krank zur Arbeit schleppen und dort nur eingeschränkt arbeitsfähig sind: Wozu führt das? Erinnern Sie sich auch daran, dass es gesund sein kann, ab und zu krank zu sein für ein paar Tage. Das gilt für alle (Sie und die Mitarbeiter).

Vielleicht können Sie Erkenntnisse aus dieser Erkrankung mitnehmen – dann wäre die Erkrankung doch immerhin für irgendetwas gut ...

Aber wie gesagt, natürlich wünsche ich Ihnen:

Allzeit gute Gesundheit!

Gut zu wissen:

- *Führungskräfte können aus einer eigenen Erkrankung etwas lernen:*
    - *Was geht in einem kranken Menschen vor?*
    - *Was wünscht man sich für sich selbst?*

ZEITPUNKT	GEDANKEN DES MITARBEITERS (psychologische Einflussfaktoren)
morgendliches Aufwachen	wie geht's mir? körperlich? psychisch? habe ich Lust, zur Arbeit zu gehen? brauche ich den Tag, um langfristig fit zu bleiben? fällt es auf, wenn ich nicht komme? was wären die Konsequenzen? für wen? wer macht meine Arbeit? erwartet mich heute stressige/ unangenehme Arbeit? fühle ich mich wohl unter den Kollegen? wie stehe ich vor denen da? fühle ich mich wohl im Umgang mit meinem Chef? wie reagiert der? hätte er Verständnis, wenn ich heute nur halb fit bin? macht meine Arbeit Sinn? wird sie geschätzt? macht mir die Arbeit ansonsten manchmal Freude? passt das zu mir, von der Arbeit fernzubleiben? finde ich, ein freier Tag steht mir zu? (Rache? Selbstbelohnung?)
beim Arztbesuch	soll ich so tun, als hätte ich sehr starke Beschwerden? soll ich vom Stress auf der Arbeit erzählen? soll ich ein paar Psycho-Beschwerden hinzuerfinden? bitte ich um eine Krankschreibung? um eine bestimmte Diagnose? bitte ich um eine möglichst lange Krankschreibung? schlage ich einen Check der Arbeitsunfähigkeit in 3-4 Tagen vor?
Krankmeldung	bei wem melde ich mich krank? beim Chef oder beim Kollegen? verrate ich meine Diagnose? wie viel Intimes erzähle ich? ist mir wichtig, dass der Chef mir glaubt, dass ich krank bin? bleibe ich daheim, obwohl ich z.B. den verletzten Finger nicht brauche?
während der Genesung	soll ich mich wirklich schonen, um schnell wieder fit zu sein? halte ich Kontakt zum Chef? informiere ich ihn über die Genesung? halte ich Kontakt zu den Kollegen? erzähle ich ihnen, was mir fehlt? falls ich vorher fit bin: nutze ich die gesamte Krankschreibungsfrist aus?
nach der Genesung	glauben der Chef und die Kollegen mir, dass ich krank war? muss ich mich selber informieren über das, was passiert ist? wird darauf Rücksicht genommen, ob ich wieder voll fit bin? freuen sich die anderen über meine Rückkehr freuen? zeigen die das?

Überlegen Sie:
Wie würde ein Mensch antworten, der sich wohl fühlt unter Kollegen und mit seinem Chef? Der sich geschätzt und gebraucht fühlt? Und wie antwortet jemand, der sich unwohl fühlt, nicht gebraucht, nicht geschätzt, nur gestresst? Oder jemand, der sich ungerecht behandelt fühlt? gekränkt? beleidigt? Jemand, der ein gutes Verhältnis zu den Menschen in seinem Betrieb hat?

PRÄVENTIV: KÜMMERN SIE SICH UM ALLE!

Machen Sie Gesundheit zum Thema! Beziehen Sie Position, wenn sich jemand über psychische Erkrankungen lustig macht. Fragen Sie Mitarbeiter, die selten fehlen, nach ihrem Erfolgsrezept. Seien Sie Vorbild in Sachen Gesundheit.

- Sorgen Sie für ein Klima, indem man sich wohl fühlt und gern zur Arbeit kommt. Interessieren Sie sich für Ihre Mitarbeiter, beziehen Sie sie ein. Sorgen Sie für gerechte Behandlung. Lachen Sie nicht nur mit Ihren Lieblingen!

GRUNDSÄTZLICH: REDEN SIE MIT IHM, auch wenn's Überwindung kostet!

- Suchen Sie das Gespräch (und überprüfen Sie Ihre Haltung!).
  Reden Sie mit ihm übers Wetter. Fragen Sie ihn, ob er ein schönes Wochenende gehabt hat. Versuchen Sie, ihn näher kennen zu lernen.
- Geben Sie sich gegenseitig eine Chance, sich sympathisch zu finden.
  Fragen Sie sich, ob Sie den Mitarbeiter mögen (Drinnen- oder Draußen-Team?). Suchen Sie so lange, bis Sie 3 Dinge gefunden haben, die Sie an ihm mögen. Erzählen Sie in Gesprächen auch etwas von sich persönlich.
- Geben Sie ihm eine Chance, sich von seiner besten Seite zu zeigen.
  Fragen Sie den Mitarbeiter, was er am liebsten arbeiten würde.
  Fragen Sie sich, was der Mitarbeiter besonders gut kann.
  Setzen Sie den Mitarbeiter nach seinen Stärken ein.
- Zeigen Sie dem Mitarbeiter, dass Sie ihn schätzen. (sonst: zurück nach oben)
  Beziehen Sie ihn bei Entscheidungen mit ein. Fragen Sie ihn nach seiner Meinung zu beruflichen Dingen. Fragen Sie ihn nach seiner Meinung zu privaten Dingen (Auto, Fußball, Essen). Sehen Sie ihn als Mensch.
- Appellieren Sie an das Gute in ihm und den Teamgedanken (ohne Vorwürfe!).
  „Wir haben ja alle ein Interesse daran, dass der Laden gut läuft.", „Wir wollen ja alle noch gesund in Rente gehen." „So ein Betrieb funktioniert nur, wenn alle zueinander stehen."

IM ZUSAMMENHANG MIT KRANKHEITSBEDINGTER ABWESENHEIT:

- Prüfen Sie zuerst, ob Sie die Punkte unter GRUNDSÄTZLICHES tatsächlich tun!
- Sorgen Sie dafür, dass man sich bei Ihnen persönlich krank melden muss.
- Bleiben Sie wertschätzend trotz Abwesenheiten.
- Führen Sie regelmäßig Willkommensgespräche (nach jeder Abwesenheit).
- Seien Sie nicht beleidigt, wenn Sie die Diagnose nicht erfahren.
- Halten Sie Kontakt zu ihm (zu allen!) in Krankheitszeiten.
- Zeigen Sie Ihre persönliche Betroffenheit.
  Sagen Sie ihm, dass er gefehlt hat („wir brauchen hier jeden"). Sagen Sie, wie blöd es für Sie ist, die anderen zu überlasten, wenn er fehlt. Sagen Sie ihm, wie blöd es für Sie ist, neue Pläne aufstellen zu müssen.
- Zeigen Sie echtes Interesse (damit das „echt" ist: siehe GRUNDSÄTZLICHES).
  Fragen Sie, ob es etwas mit der Arbeit zu tun hat (Zwischenmenschliches?). Fragen Sie ihn, was er braucht, damit er sich wohl fühlt.
- Sorgen Sie dafür, dass er wieder gut in den Arbeitsprozess integriert wird.
  Erzählen Sie ihm, was in der Zwischenzeit passiert ist. Fragen Sie ihn, ob noch Schonung nötig ist. Wünschen Sie ihm einen guten Wiedereinstieg.

☑ Schauen Sie die kostenlosen Video-Vorträge zu diesem Heft auf **www.do-care.tv**.

☑ Hören Sie meine kostenlosen Podcasts: Jeden Montag morgen neu; natürlich können Sie sie hören, wann Sie wollen, sogar gemeinsam: www.gesund-führen-podcast.de und www.podcast-pause.de.

☑ Abonnieren Sie meinen eMail-Infobrief (alle 2 Monate, kostenlos).

☑ Versenden Sie abwechselnd Erinnerungs-eMails: Jede Woche ist ein anderer dran. Ein Satz in der Betreffzeile reicht (Sie bekommen ja eh schon genug eMails ...). Nehmen Sie einfach die Fragen, die in diesem Heft als Seitenüberschriften oben drüber stehen.

☑ Weitere Ideen und Anregungen finden Sie im Buch „Wertschätzung im Betrieb“. Hier finden Sie auch ein Multiplikatoren-Programm, das Sie in Eigenregie durchführen können. Und auch in der Fehlzeitenbox (**www.fehlzeiten-box.de**). Schauen Sie einfach mal rein!

☑ Im Buch „GESUND FÜHREN. Das Handbuch für schwierige Situationen“ finden Sie Tipps, auch zum Umgang mit aufmüpfigen Teams oder oft fehlenden Mitarbeitern.

☑ Gesundheit am Arbeitsplatz ist (auch) ein Gemeinschaftswerk. Der einzelne trägt eine Verantwortung zur Erhaltung seiner Arbeitskraft (im Grunde sogar laut Arbeitsvertrag), Sie als Führungskräfte tragen ihren Teil dazu bei, und der Betrieb als Ganzes leistet ebenfalls seinen Beitrag dazu, dass alle Beschäftigten gesund bleiben und gesund in Rente gehen können. Diese Zusammenarbeit wird dann gut funktionieren, wenn alle Seiten Hand in Hand arbeiten und einander mit Wertschätzung begegnen. Dazu müssen Sie als Führungskräfte ebenso wie die (Unternehmens-)Leitung glaubwürdig signalisieren:

„Deine Gesundheit liegt uns am Herzen,
denn DU bist uns wichtig, und natürlich auch deine Arbeitskraft.
Wir trauen dir zu, dass du die Verantwortung
für deine Gesundheit übernimmst;
und wir wissen, dass wir ebenfalls
Verantwortung für deine Gesundheit tragen,
und deshalb wollen wir dich nach Kräften unterstützen.
Wir wollen, dass du dich
an deinem Arbeitsplatz wohlfühlst.

☑ Wie Sie Ihre Geschäftsleitung vom Thema Gesundheit überzeugen (und auch, wie Sie mit einem anerkennungsgeizigen Chef umgehen), erfahren Sie in dem Buch „Führung und Gesundheit. Ein praktischer Ratgeber zur Förderung der psychosozialen Gesundheit im Betrieb“.

Dr. Anne Katrin Matyssek

Jahrgang 1968, Diplom-Psychologin, approbierte Psychotherapeutin

seit 1998 tätig als Rednerin, Trainerin und Beraterin zu Betrieblichem Gesundheitsmanagement für Unternehmen zum Thema:

Gesundheit(sgerechte Führung) durch mehr Wertschätzung im Job

Autorin mehrerer Büchern und der **www.fehlzeiten-box.de**

Referenzen finden Sie unter: **www.fehlzeiten-reduzieren.de**

Ich freue mich, wenn Ihnen dieses Heft gefallen und Sie unterstützt hat. Weitere Informationen und Anregungen finden Sie auf meiner Website: **www.fehlzeiten-reduzieren.de**.

Dort können Sie auch gern meinen **kostenlosen Infobrief** abonnieren. Er erscheint alle 2 Monate als e-Mail und enthält Videos, Audios und Lesenswertes zu je einem Thema.

Meine **Podcasts** (ebenfalls kostenlos) empfehle ich Ihnen natürlich auch. Sie können sie anhören, wann immer Sie wollen, aber wenn Sie sie direkt montags morgens zusammen im Team hören, starten Sie gemeinsam gut gelaunt in die neue Woche. Und natürlich empfehle ich Ihnen sehr die Videoakademie **www.do-care.tv** – mit vielen kostenlosen Vorträgen, auch zu den Inhalten dieses Hefts!

In meinem **Shop** www.mehr-wohlbefinden-im-job.de können Sie **CareCards zum Willkommensgespräch** sowie Bücher und die **Fehlzeiten-Box** erwerben.

Von Herzen alles Gute wünscht Ihnen Ihre Anne Katrin Matyssek

---

Den Online-Shop finden Sie im Internet unter www.mehr-wohlbefinden-im-job.de.

Gesund Führen. Das Handbuch für schwierige Situationen.
18,80 € (D)

Führung und Gesundheit. Ein praktischer Ratgeber zur Förderung der psychosozialen Gesundheit im Betrieb.
22,90 € (D)

Sie wollen die Unternehmenskultur wertschätzender gestalten? Dann empfehlen sich folgende Bücher für Aufbau-Veranstaltungen (incl. Multiplikatoren-Konzept, Seminarabläufen, Folien):

Wertschätzung im Betrieb. Impulse für eine gesündere Unternehmenskultur.
22,90 € (D)

„Gut, dass Sie da sind!" Arbeitsheft zum Buch „Wertschätzung im Betrieb". 5,00 € (D)

Weitere Bücher (Auswahl):

- **Wenn der Chef krank macht,** 9,90 € (D)
- **Führungsfaktor Gesundheit** 19,90 € (D)
- **Chef, Sie haben ein Super-Team!** (gebunden m. Umschlag) 19,90 € (D)
- **Pilates für die Psyche. Wie Sie trotz Arbeitsbelastungen gesund bleiben** 8,99 € (D)

zum Danke-Sagen:

- **Danke! Mensch, sind wir froh, dass Sie bei uns arbeiten!** (ein Care-Cracker) 5,00 € (D)

Weitere Care-Cracker (52 Seiten, 5,00 €):

- **Mensch, mach' mal Pause!**
- **Mensch, sei mal stolz auf dich!**
- **Mensch, sag' mal NEIN!**
- **Mensch, entspann' dich mal!**
- **Mensch, bin ich froh, dass es dich gibt!**

Kleiner Selbst-Check: Praktiziere ich einen anwesenheitsförderlichen Führungsstil?

3	stimmt voll
2	stimmt ziemlich
1	stimmt eher nicht
0	stimmt absolut nicht

Anerkennung / Wertschätzung	
Ich kenne die größte Stärke aller meiner direkten Mitarbeitenden (bis max. 30 MA).	3 2 1 0
Ich lobe wesentlich öfter, als dass ich kritisiere.	3 2 1 0
Ich habe nur selten ein ungutes Gefühl, wenn ich eine Aufgabe delegiert habe (= ich denke nur selten: ob der Mitarbeiter das wohl richtig macht).	3 2 1 0
Ich übertrage meinen Mitarbeitenden verantwortungsvolle Aufgaben und versuche, ihren Handlungsspielraum zu erweitern.	3 2 1 0
Ich beteilige meine Mitarbeitenden an Entscheidungsprozessen.	3 2 1 0
Ich habe keine "Lieblinge", die ich bevorzugt behandle.	3 2 1 0
Interesse / Aufmerksamkeit	
Ich beobachte meine Mitarbeitenden wohlwollend.	3 2 1 0
Veränderungen, wie z.B. eine neue Frisur, fallen mir in der Regel auf.	3 2 1 0
Ich bin immer genau informiert über die Fehlzeiten in meiner Abteilung.	3 2 1 0
Ich nehme persönlich Kontakt zu Mitarbeitenden in längerer Krankheit (ca. ab zehn Tagen) auf.	3 2 1 0
Ich führe grundsätzlich Willkommensgespräche mit jedem Mitarbeiter.	3 2 1 0
Ich achte ganz bewusst auf sicherheitsgerechtes Arbeiten meiner Mitarbeitenden.	3 2 1 0
Belastungsreduzierung und Ressourcenaufbau	
Ich bemühe mich, für meine Mitarbeiter da zu sein, ihnen den Rücken zu stärken.	3 2 1 0
Meine Mitarbeiter wissen, dass ich ihnen nicht in den Rücken falle und sie auch bei einer Panne nicht "im Regen" stehen lasse.	3 2 1 0
Ich bemühe mich, auch in puncto Gesundheitsverhalten Vorbild zu sein.	3 2 1 0
Ich bemühe mich, Belastungen meiner Mitarbeiter im "gesunden" Maß zu halten.	3 2 1 0
Ich erkenne immer genau, wann einer meiner Mitarbeiter überlastet ist (z.B. weiß ich, wer auf Stress mit einem roten Kopf reagiert/ wer eher kalkweiß wird).	3 2 1 0
Gesprächsführung / Kommunikation	
Ich bemühe mich, für meine Mitarbeitenden immer ein offenes Ohr zu haben, z.B. indem ich oft (mind. 1x/Woche) durch die Abteilung gehe ("walking around").	3 2 1 0
Ich habe in Gesprächen maximal 50% Redeanteil (im Durchschnitt).	3 2 1 0
Ich suche häufig (mind. 1x/Monat) das Gespräch mit jedem Mitarbeiter - nicht nur in Beurteilungsgesprächen/ Mitarbeiterjahresgesprächen.	3 2 1 0

Transparenz / Durchschaubarkeit	
Ich bemühe mich, alle Informationen über Unternehmen und Abteilung rasch weiterzugeben und damit "Wissensgefälle" zu vermeiden.	3 2 1 0
Meine Mitarbeitenden wissen genau, "was sie tun" und wie ich das finde: Ich gebe mindestens einmal im Monat Feedback.	3 2 1 0
Die Meinung meiner Mitarbeitenden ist mir wichtig.	3 2 1 0
Feedback funktioniert bei uns gegenseitig, d.h.	
a) meine Mitarbeitenden trauen sich auch, mich zu kritisieren	3 2 1 0
b) meine Mitarbeitenden trauen sich auch, mich zu loben	3 2 1 0
Betriebsklima / Stimmung	
Ich begrüße meine Mitarbeitenden morgens freundlich.	3 2 1 0
Ich ermutige meine Mitarbeitenden, ihren Arbeitsplatz persönlich zu gestalten.	3 2 1 0
Ich spreche nicht ironisch oder herablassend mit meinen Mitarbeitenden.	3 2 1 0
Ich versuche, angstreduzierend zu führen (Humor nutzen, ruhig sprechen etc.).	3 2 1 0
"Bitte" und "Danke" sind bei uns selbstverständlich. Schreien kommt nicht vor.	3 2 1 0

GESAMTPUNKTZAHL: ______

Auswertung:

Eigentlich dient so ein Fragebogen nur als Hilfsinstrument zur Selbstreflexion. Man erkennt, wo man schon viel tut und wo noch Ausbaumöglichkeiten bestehen. Aber da sich erfahrungsgemäß viele Leser eine zahlenbezogene Auswertung wünschen .... hier ist sie:

Unter 30 Punkten: Sie wissen es vermutlich selbst: Es gibt da noch ziemlich große Baustellen, also – positiv ausgedrückt – recht viele Möglichkeiten, bei denen Sie ansetzen können, wenn Sie der eigenen Gesundheit und der Ihrer Mitarbeitenden etwas Gutes tun wollen – und der Arbeitsfähigkeit, und damit auch der Anwesenheit.

31 bis 60 Punkte: Sie sind bereits auf dem rechten Weg, aber die Gesundheitswertigkeit Ihres Führungsverhaltens ist noch ausbaufähig: Sie können noch mehr dafür tun, ein Chef / eine Chefin zu werden, für den / die man gerne (und damit: gut!) arbeitet. Bleiben Sie dran – es lohnt sich!

Über 60 Punkte: Bravo! Ihre Mitarbeitenden dürften sich freuen und belohnen Sie vermutlich mit einer hohen Anwesenheitsquote, Arbeitsfähigkeit und -bereitschaft. Sie führen schon heute sehr mitarbeiterorientiert und haben den (gesunden!) Ehrgeiz, dieses Führungsverhalten noch weiter zu optimieren.

Welche zwei Dimensionen besonders wichtig sind? Im Hinblick auf die Anwesenheitsquote sind es Anerkennung und Interesse: Um die sollten Sie sich besonders kümmern, falls Sie sich Sorgen machen um die Quote in Ihrem Bereich. Und falls Sie sich bei diesen beiden Dimensionen – und überhaupt – bei aller Selbstkritik und Bescheidenheit viele Punkte geben und dennoch mit miesen Quoten zu kämpfen haben, dann liegt es vermutlich wirklich nicht an Ihrem Führungsverhalten ... kleine Beruhigung und Entlastung für Sie!

Wenn Sie ganz mutig sind, können Sie den Fragebogen auch von Ihrem Team „gegenchecken“ lassen. Ich verrate Ihnen etwas: Das trauen sich nur die Besten ... ☺